装备科技译著出版基金

叶轮机械转子与结构动力学
Rotor and Structural Dynamics of Turbomachinery
A Practical Guide for Engineers and Scientists

[美] 拉杰·萨比阿(Raj Subbiah)　　　著
[美] 杰里米·伊莱·利特尔顿(Jeremy Eli Littleton)

崔伟伟　周　强　乔苗苗　唐长亮　译
张　锴　校

国防工业出版社
·北京·

著作权合同登记　图字:01-2023-0338 号

图书在版编目(CIP)数据

叶轮机械转子与结构动力学 /(美)拉杰·萨比阿(Raj Subbiah),(美)杰里米·伊莱·利特尔顿(Jeremy Eli Littleton)著;崔伟伟等译. -- 北京：国防工业出版社,2024.11. -- ISBN 978-7-118-13327-1

Ⅰ.TK12

中国国家版本馆 CIP 数据核字第 2024CZ0637 号

First published in English under the title
Rotor and Structural Dynamics of Turbomachinery: A Practical Guide for Engineers and Scientists by Raj Subbiah and Jeremy Eli Littleton, edition: 1
Copyright © Springer International Publishing AG, part of Springer Nature, 2018 *
This edition has been translated and published under licence from Springer Nature Switzerland AG.
Springer Nature Switzerland AG takes no responsibility and shall not be made liable for the accuracy of the translation.

本书简体中文版由 Springer 授权国防工业出版社独家出版。
版权所有,侵权必究。

※

国防工业出版社出版发行
(北京市海淀区紫竹院南路 23 号　邮政编码 100048)
三河市天利华印刷装订有限公司印刷
新华书店经售
*
开本 710×1000　1/16　插页 6　印张 15　字数 274 千字
2024 年 11 月第 1 版第 1 次印刷　印数 1—1500 册　定价 138.00 元

(本书如有印装错误,我社负责调换)

国防书店:(010)88540777　　书店传真:(010)88540776
发行业务:(010)88540717　　发行传真:(010)88540762

译者序

由拉杰·萨比阿(Raj Subbiah)和杰里米·伊莱·利特尔顿(Jeremy Eli Littleton)两位业界专家共同撰写，*Rotor and Structural Dynamics of Turbomachinery*，共计8章，详细系统地介绍了叶轮机械转子与结构振动、转子动力学及转子平衡等理论基础和工程应用实例。本书从工程应用视角，通过简明易懂的物理概念和尽可能少的数学物理方程阐述叶轮机械振动与转子动力学方面的理论基础，并通过典型、丰富的案例分析将理论基础与工程实践有机统一，向读者深入浅出地介绍叶轮机械结构与转子动力学典型设计思路、简捷有效的现场故障分析方法。本书有助于相关领域工程技术人员和新从业者在发现、分析和解决问题过程中的能力提升，既可作为转子动力学专业的工程手册，也可作为叶轮机械设计工程师和现场实验工程师重要的工程实践参考用书。

拉杰·萨比阿博士是国际标准化组织(ISO)机械振动与冲击技术委员会与美国振动协会成员，长期从事转子动力学、转子与轴承设计等方面的研究。杰里米·伊莱·利特尔顿是西门子公司叶轮机械振动领域的技术专家，主要从事转子系统现场平衡与振动分析等工作。本书内容主要源自拉杰·萨比阿博士所发表的期刊、会议论文。

第1章由唐长亮翻译，第2章至第4章由崔伟伟翻译，第5章和第6章由乔苗苗翻译，第7章和第8章由周强翻译，张锴对全书译稿进行了校对。本书的成功面世，离不开装备科技译著出版基金的资助以及国防工业出版社编辑在出版过程中给予的大力支持与帮助，在此表示衷心的感谢！本书内容涉及多个学科和领域，因译者专业和学识所限，难免出现疏漏和不足,恳请读者不吝指正,在此表示感谢!

联系方式:cuiweiwei@sdust.edu.cn

译者

2024 年 1 月

前言 I

20世纪70年代末,我在个人职业生涯的初期就对学习振动相关知识产生了兴趣。我当初对振动如何影响系统的结构以及由此引发相关破坏等问题的认识非常有限,直到在印度理工学院攻读研究生并学习了关于振动的初级课程后,才有了一定了解。在此之后,我研修了关于振动与转子动力学的高级课程。这些课程与数学方法密切相关,学习之初很难将其与实际案例联系起来。尽管课程内容很难理解,但很有意思,同时也激发了我对该领域的好奇心。J. S. Rao教授讲授的转子动力学课程让我重新认识了这门学科,然而直到我从事压气机转子的振动与转子动力学问题研究项目时,我才真正掌握了这门学科的核心。

之前的经历为我在转子与结构动力学领域的研究工作奠定了坚实基础。在完成印度理工学院的研究生学习之后,我申请到了加拿大蒙特利尔的康考迪亚大学奖学金,得以继续开展转子动力学的博士课题研究,那里良好的实验设施也很好地支撑了我的学习。感谢我的导师巴特教授为我提供了很多灵感,引导我掌握了这个学科更多的知识。

完成博士学业后,我起初在纽约罗切斯特的应力技术公司工作。这是一家由内维尔·里格尔(Neville Rieger)教授创办的机械咨询公司,主要解决与转子动力学相关的工业问题。那段时间正赶上为瑞士的大型叶轮机械制造商提供技术咨询服务。在公司任职期间,我还开发了基于线性和非线性的转子动力学软件,并处理了一些与叶轮机械有关的其他振动问题。

20世纪80年代末,我搬到奥兰多在西屋电气公司工作,一开始从事应用于石化与核电站的转子和轴承方面设计。在此期间,公司启动的新的研发项目也进一步拓展了我在疲劳、断裂力学和蠕变等方面的视野与认知。在西屋电气公司工作期间，我还担任过几年的中佛罗里达大学(University of Central Florida，UCF)兼职教授，专门讲授振动与转子动力学课程。20世纪90年代末，西门子公司收购了西屋电气公司。我当时的工作任务很有挑战性，需要解决包括法向载荷和基础类型载荷在内的各种结构与混凝土基础问题。这些研究也让我理解了冲击载荷和随机载荷对叶轮机械的各种部件的影响。

在西门子公司工作期间，我还有幸为全球不同地区与大学的学者、工程师和管理层们多次讲授3~5天的与叶轮机械振动相关的短期定制课程。撰写本书的动力也主要来自学习这些课程的学生们的反馈。他们的反馈和建议让我鼓起勇气写这本书，并通过简化概念、以最少的数学方程来讲解振动方面的专业知识。相信这本书能够帮助工程师解决叶轮机械振动的相关问题。

近25年来，我一直是国际标准化组织(下属)机械振动与冲击技术委员会。我利用从事一些项目的机会增加与国际专家的接触，并学习和应用他们的经验去解决叶轮机械领域复杂的振动问题。

拉杰·萨比阿
美国 奥维耶多
2017年6月

前言 II

我的职业生涯始于20世纪80年代末,当时在我父亲经营的住宅与商业建筑公司工作。在建筑行业的工作,激发了我对作用于结构的各种力的兴趣。20世纪90年代初,我决定去匹兹堡大学攻读机械工程学士学位。在此期间,我专注于机械设计、有限元建模和振动方面的学习。我一毕业就加入了巴克制造公司,从事各类集装箱与液压运动机构的设计工作。液压运动相关的工作让我深入理解了引起运动的力是如何作用于它们的支承结构的,也激发了我对振动的兴趣。

20世纪90年代末,我加入位于佛罗里达州奥兰多的西门子-西屋电气公司,担任现场服务工程师。在现场技术服务小组工作期间,我接触到了包括液压控制、影响测试、振动分析、现场平衡等在内的多项专业技术工作。我的经理弗雷德·迈纳特和助理经理弗雷德·拉伯都对我进行过现场平衡的指导。我在短时间内熟练掌握了现场平衡,并很快转入透平电机的复杂振动分析工作。直到2005年,我已经成为西门子公司的振动分析领域专家。

自2010年起,我的工作地点由现场转至办公室,成为西门子公司现场平衡和振动分析的主题专家。此后,我获得了佛罗里达大学的工业和系统工程硕士学位。作为主题专家,我参与了西门子公司在北美、南美和中美洲的所有现场平衡与振动分析工作。我每年都会为现场工程师讲授现场平衡、振动分析和高级振动分析的课程。多年来,我还在一些国际会议上作过关于多种振动问题的演讲报告。在新转子的设计阶段,我与团队合作通过理论计算共同研究现场转子的实际振动响应问题,还参与了这些新转子的现场测试。这些工作大大加深了我对不同条件下转子响应的认识与理解。

　　拉杰·萨比阿和我都认为,培养实际用户的最佳方式是将概念保持在擅长、熟练的程度,而非沉醉于理论概念之中。本书也正是以此为目标撰写的。基于多年来受训的现场工程师的反馈,本书的章节也进行了调整,使读者能受益于这些实用知识和专用技术。

杰里米·伊莱·利特尔顿
美国 圣克劳德
2017年6月

目录

第1章 转子与结构振动基础 ································· 1
1.1 引言 ··· 1
1.2 概述 ··· 1
1.3 叶轮机械转子动力学基础 ································ 2
1.4 转子动力学在旋转机械设计中发挥的重要作用 ········· 3
1.5 转子失效模态 ·· 6
1.5.1 转子扭转引起的扭转振动 ························· 6
1.5.2 转子弯曲引起的横向振动 ························· 7
1.6 转子动力学和结构动力学 ································ 8
1.6.1 结构振动和转子涡动 ····························· 8
1.6.2 结构固有频率和转子临界转速 ··················· 8
1.6.3 结构模态振型和转子涡动 ························ 9
1.6.4 结构响应和转子涡动响应 ························ 9
1.6.5 结构激励和转子激振力 ························· 10
1.6.6 结构稳定性和转子稳定性 ······················· 10
1.7 实例 ·· 10
1.7.1 杰佛考特转子模型示例1 ························ 11
1.7.2 杰佛考特转子模型示例2 ························ 12
1.7.3 杰佛考特转子模型示例3 ························ 13
1.7.4 杰佛考特转子模型示例4 ························ 13
1.8 油膜刚度 ·· 14
1.9 转子正进动和反进动涡动矢量 ·························· 14
1.10 小结 ··· 17
参考文献 ··· 17

第2章 数学模型 ·· 18
2.1 引言 ·· 18

- 2.2 概况 ·· 18
- 2.3 横向(弯曲)转子动力学模型 ··· 18
  - 2.3.1 转子建模 ··· 19
  - 2.3.2 油膜轴承建模 ·· 19
  - 2.3.3 轴承支座建模 ·· 20
  - 2.3.4 混凝土基础建模 ·· 20
  - 2.3.5 钢结构基础 ·· 20
- 2.4 求解方法 ·· 20
  - 2.4.1 传递矩阵法 ·· 20
  - 2.4.2 二维有限元公式 ·· 22
  - 2.4.3 转子系统的陀螺效应 ··· 23
  - 2.4.4 转子系统的非对称刚度效应 ··· 25
- 2.5 高等转子建模方法 ·· 25
  - 2.5.1 横向振动转子模型 ··· 26
  - 2.5.2 刚性支承的模态频率分析或模态分析 ··· 28
  - 2.5.3 不平衡响应计算 ·· 29
  - 2.5.4 Q 因子评估 ··· 30
  - 2.5.5 转子稳定性计算 ·· 31
- 2.6 不同转子结构 ·· 32
  - 2.6.1 整体式转子 ·· 32
  - 2.6.2 套装式转子 ·· 32
  - 2.6.3 焊接式转子 ·· 33
- 2.7 转子静力学分析 ·· 34
- 2.8 扭转(扭曲)转子动力学 ··· 35
  - 2.8.1 集中质量模型 ·· 35
  - 2.8.2 叶片和转子盘频率耦合 ··· 36
  - 2.8.3 叶片-盘的三维有限元模型 ··· 37
  - 2.8.4 叶片-盘耦合对横向振动动力学特性的影响 ······························· 38
  - 2.8.5 转子扭转模态 ·· 39
  - 2.8.6 转子的三维扭转建模 ··· 41
  - 2.8.7 模态分析 ·· 41
  - 2.8.8 稳态激励 ·· 44
  - 2.8.9 正序电流和逆序电流 ··· 45
  - 2.8.10 瞬态激励 ·· 46
  - 2.8.11 寿命损失计算 ·· 48

	2.8.12 异相同步	49
	2.8.13 次同步激励	49
	2.8.14 电网事件对轴扭矩的影响	50
2.9	扭振频率和模态的测试	51
	2.9.1 定频测试	51
	2.9.2 旋转测试	52
2.10	小结	52
参考文献		53

第3章 转子与结构的相互作用 ········· 54

- 3.1 引言 ········· 54
- 3.2 概述 ········· 54
- 3.3 轴承支座刚度对转子临界频率的影响 ········· 55
  - 3.3.1 刚性支座 ········· 55
  - 3.3.2 柔性轴承支座 ········· 57
  - 3.3.3 柔性轴承支座退化的背景 ········· 58
  - 3.3.4 电厂支座退化的经验 ········· 60
- 3.4 U形转子模态 ········· 61
- 3.5 S形转子模态 ········· 61
- 3.6 转子和轴承支座建模 ········· 62
- 3.7 测试方法 ········· 63
  - 3.7.1 电动激励器 ········· 64
  - 3.7.2 激励器实验过程 ········· 64
  - 3.7.3 激励器实验频谱图 ········· 65
  - 3.7.4 激励器实验台刚度图 ········· 65
- 3.8 利用激励器数据计算横向频率 ········· 69
  - 3.8.1 与延伸轴连接的低压转子系统的模态振型 ········· 69
  - 3.8.2 有限元模型及结果 ········· 70
- 3.9 支座退化情况评估 ········· 71
  - 3.9.1 初级评估 ········· 71
  - 3.9.2 二级评估 ········· 71
  - 3.9.3 挠性支座加固 ········· 72
- 3.10 评估柔性轴承支座安全运行条件的推荐指南 ········· 72
  - 3.10.1 初级评估 ········· 72
  - 3.10.2 二级评估 ········· 73

		3.10.3 检查	73
		3.10.4 其他因素的影响	73
		3.10.5 冷凝器压力的季节性变化	73
		3.10.6 电网事件的影响	74
		3.10.7 浆液降解的影响	74
3.11	小结		74

参考文献 75

第4章 油膜、蒸汽和/或气体密封对转子动力学的影响 76

- 4.1 引言 76
- 4.2 概况 76
- 4.3 轴承的类型 77
- 4.4 各种类型轴承的性能 78
  - 4.4.1 油膜轴承 79
  - 4.4.2 滚动轴承(球、棒) 79
  - 4.4.3 磁(悬浮)轴承 79
- 4.5 滑动圆柱轴承 80
  - 4.5.1 油膜的形成 80
  - 4.5.2 油膜中的轴颈位置 81
  - 4.5.3 需油压支承的轴承 82
  - 4.5.4 部分圆弧轴承 82
  - 4.5.5 黏度泵轴承 83
  - 4.5.6 所有液压轴承的常见结构特点 84
- 4.6 椭圆轴承 85
- 4.7 轴向槽式轴承 85
- 4.8 压力坝轴承 86
- 4.9 可倾瓦轴承 86
  - 4.9.1 前缘凹槽轴承 87
  - 4.9.2 双衬垫可倾瓦轴承 89
  - 4.9.3 三衬垫可倾瓦轴承 89
  - 4.9.4 五衬垫可倾瓦轴承 89
  - 4.9.5 六衬垫可倾瓦轴承 90
- 4.10 特殊类型轴承 91
  - 4.10.1 挤压油膜阻尼器 91
  - 4.10.2 磁(悬浮)轴承 92

4.11	轴承类型比较	93
4.12	油膜轴承理论	94
	4.12.1 油膜动态系数	97
	4.12.2 轴承长径比 l/D	99
	4.12.3 油压支承腔	100
4.13	转子失稳	101
	4.13.1 轴承内的油膜涡动/振荡	101
	4.13.2 蒸汽涡动	103
	4.13.3 关于自激振动的讨论	105
4.14	止推或轴向轴承	106
4.15	基于轴颈轴承的油膜轴承问题症状	109
4.16	基于止推轴承的油膜轴承问题故障特征	110
4.17	小结	110
参考文献		111

第5章 转子平衡的概念、建模及分析 … 113

5.1	引言	113
5.2	概述	113
5.3	转子为何需要平衡	114
5.4	平衡的基本方法	114
5.5	转子分类	115
	5.5.1 刚性转子	115
	5.5.2 柔性转子	115
	5.5.3 平衡方法	115
5.6	透平电机传动轴系的实用现场平衡	116
	5.6.1 振动测量	116
	5.6.2 不同振动分量	119
	5.6.3 振动数据分类	121
	5.6.4 评估所需的初始数据	122
	5.6.5 慢滚数据的评估（轴跳动静不平衡）	122
5.7	固有频率、振型和临界振动	125
5.8	实际重点角与指示重点角	126
	5.8.1 计算滞后角与模态振型关系	127
	5.8.2 确定转子临界转速	128
	5.8.3 确定静态和动态不平衡分量	131

XIII

5.9 平衡分析 · 134
    5.9.1 计算效果系数和滞后角 · 144
    5.9.2 应用效果系数和滞后角进行平衡 · 147
5.10 共用轴承转子的平衡 · 151
5.11 带离合器的转子系统 · 151
5.12 常用平衡配重 · 152
5.13 小结 · 152
参考文 · 153

第6章 转子系对中 · 154

6.1 引言 · 154
6.2 总则 · 154
6.3 透平总成 · 155
6.4 转子轴系对中 · 156
    6.4.1 联轴器间隙和位移 · 157
    6.4.2 如何在现场测量配合位移和间隙 · 158
    6.4.3 基于测量数据进行对中 · 159
6.5 转子对中的两种不同原理 · 162
    6.5.1 联轴器对中的影响：共用轴承系统和双轴承系统 · 162
    6.5.2 每个转子由两个轴承支承的转子系统联轴器对中 · 162
    6.5.3 多跨度转子系统中的对中 · 163
    6.5.4 轴对中如何控制弯曲应力 · 164
6.6 共用转子支承轴承的联轴器对中 · 164
6.7 径向跳动测量的一般准则 · 165
6.8 轴对中的其他准则 · 166
    6.8.1 联轴器螺栓磨损 · 166
    6.8.2 止口配合间隙/干涉的要求 · 167
6.9 其他轴对中方法 · 167
6.10 小结 · 168
参考文献 · 168

第7章 转子的状态监控 · 169

7.1 引言 · 169
7.2 通用情况 · 169
7.3 诊断数据和诊断工具 · 169

  7.3.1 转轴相对振动测量 170
  7.3.2 结构的基础振动测量 171
  7.3.3 转轴绝对振动测量 172
  7.3.4 轴承合金温度测量 173
 7.4 载荷变化 174
 7.5 压力变化 174
 7.6 诊断数据 174
  7.6.1 伯德图 175
  7.6.2 极坐标图 176
  7.6.3 轴心轨迹 178
  7.6.4 频谱图 178
 7.7 时域/频域图 179
 7.8 基本信息 181
 7.9 扭转轴的振动测量 183
 7.10 设备运转对转子振动的影响 187
  7.10.1 转子-静子间隙的封闭 187
  7.10.2 机匣变形/不对中 188
  7.10.3 冷蒸汽和/或水冲击在内的冷却介质侵入 189
  7.10.4 润滑油对转子振动增加的影响 190
 7.11 小结 194
 参考文献 194

第8章 案例研究 195

 8.1 引言 195
 8.2 概述 195
 8.3 实验案例1的问题描述 195
  8.3.1 数据回顾 196
  8.3.2 模拟 197
  8.3.3 解决方案 198
 8.4 实验案例2的问题描述 198
  8.4.1 数据回顾 199
  8.4.2 解决方案 201
 8.5 实验案例3的问题描述 201
  8.5.1 数据回顾 201
  8.5.2 数据分析 203

XV

      8.5.3 解决方案 …………………………………………………… 205
  8.6 实验案例4的问题描述 ……………………………………………… 206
      8.6.1 数据分析 …………………………………………………… 206
      8.6.2 解决方案 …………………………………………………… 207
  8.7 实验案例5的问题描述 ……………………………………………… 208
      8.7.1 数据分析 …………………………………………………… 208
      8.7.2 解决方案 …………………………………………………… 209
  8.8 实验案例6的问题描述 ……………………………………………… 209
      8.8.1 数据分析 …………………………………………………… 209
      8.8.2 解决方案 …………………………………………………… 211
  8.9 实验案例7的问题描述 ……………………………………………… 211
      8.9.1 数据分析 …………………………………………………… 211
      8.9.2 解决方案 …………………………………………………… 212
  8.10 实验案例8的问题描述 …………………………………………… 212
      8.10.1 数据分析 ………………………………………………… 212
      8.10.2 解决方案 ………………………………………………… 214
  8.11 实验案例9的问题描述 …………………………………………… 214
      8.11.1 数据分析 ………………………………………………… 214
      8.11.2 解决方案 ………………………………………………… 215
  8.12 实验实例10的问题描述 ………………………………………… 215
      8.12.1 历史数据回顾 …………………………………………… 215
      8.12.2 联轴器端跳动过大的现场测量 ………………………… 216
      8.12.3 关注点 …………………………………………………… 217
      8.12.4 解决措施 ………………………………………………… 217
      8.12.5 结论 ……………………………………………………… 217
  8.13 实验案例11的问题描述 ………………………………………… 217
      8.13.1 数据分析 ………………………………………………… 218
      8.13.2 热应力分析 ……………………………………………… 219
      8.13.3 金相分析结果 …………………………………………… 219
      8.13.4 结论 ……………………………………………………… 220
  8.14 小结 ……………………………………………………………… 220

附录A 结构与人体之间的性能相似之处 ……………………………… 221

  参考文献 ………………………………………………………………… 223

第1章
转子与结构振动基础

1.1 引言

写本书的灵感来自我在全球开展旋转机械振动理论讲座时的听众反馈。大家对于采用简化方法深入理解转子与结构动力学理论的需求愈发强烈。因此,本书的定位是介绍转子与结构振动问题的相关概念知识。尽管本书通篇是以蒸汽透平为例,但是所讨论的方法同样适用于所有的机械。本书共分为8章,重点讨论旋转机械内部引起振动的各种动力学因素。本书的结尾部分有很多工程实例,便于叶轮机械工程师更加深入地理解所面临的问题及症状。本书的信息也可以为科研人员深入开展本领域的研究工作提供有效的帮助。

1.2 概述

第1章通过介绍转子与结构动力学方面的名词术语、概念和它们之间的区别,为后续章节做好前期铺垫,也为读者掌握该主题的相关概念打下扎实的基础,在后面的章节会研究更大、更复杂的转子系统。借助于一种简单的转子动力学模型,即"杰佛考特转子"(Jeffcott Rotor),讨论了流体动压(流体动压膜或油膜的含义是一样的,本书中均有使用)轴承动力学特性和结构支承刚度对转子频率的影响。研究内容涵盖了转子正进动和反进动的发生及其对形成椭圆轴心轨迹的影响。

第2章详细讨论应用于横向(弯曲)和扭转(扭曲)振动分析的转子建模方法。其中,横向振动分析的转子模型包括陀螺效应、转子非对称、质量不平衡、油膜轴承动态特性和蒸汽/燃气涡动诱导的不平衡力;扭转振动则研究了负序电流和短路产生的电网扭矩波动对转子系统疲劳寿命周期的影响。同时还进一步讨论了用于转子固有频率测量的各种测试方法,相应的测试结果可以用于验证轴系模型和必要时调整固有频率的依据。

第 3 章讨论了实用中的轴承支座刚度变化。这些轴承支座采用合金钢结构制造，其刚度是影响转子动力学特性的主要参数之一。轴承支座刚度降低的现象曾经出现在一部分半速或 30Hz 工作的低压透平机械中。测试数据也表明，轴承支座的过度振荡可能会导致这些透平机械设计中的轴承支座刚度劣化。一些实验也一致证明了可以采用电动激励器为轴承支座结构提供足够的能量，用于激励其转子和结构频率谱。在 100 多个轴承支座的激振测试中得到了一致的频率谱，能够用于辨识转子频率和轴承支座的刚度值。同时还讨论了刚度劣化轴承支座的结构刚度加固方法。

第 4 章主要介绍油膜轴承结构及其对转子动力学特性的影响。本章涵盖了各种滑动轴承类型及几何结构，并从控制和保持其动力学特性的角度讨论了几种轴承类型的优缺点。此外，还讨论了用于解决复杂叶轮机械结构问题的特殊轴承类型，以及用于控制轴向载荷（轴向方向上的蒸汽或工作气体介质引起）和转子轴向位移的各种止推轴承。最后列出了滑动轴承和止推轴承常见的问题症状、根本诱因以及解决方案。

第 5 章涉及转子平衡，详细讨论了各种转子平衡原理，如影响系数法和模态平衡方法等，以深入理解转子平衡问题。转子平衡通常在工厂进行，为了控制和减小转子振动使其低于国际标准化组织（ISO）规定水平，还可能需要现场跟踪并进行再平衡。同时结合极坐标图法和相对相位角参考法介绍了转子平衡策略，记录设备的平衡配重角度位置有助于后续或未来的平衡调节。此外，还介绍了几个叶轮机械不同转子结构的平衡案例。

第 6 章讨论了叶轮机械的转子对中调整流程。一般来说，联轴器对中是保持转子振动在可接受范围内的关键。其中同心度和同轴度是实现良好对中（径向和轴向间隙调整）的关键参数。本章的示图给出了关键参数的测量工具。此外，本章还讨论了在联轴器上装配零弯矩的轴和在轴承上装配零弯矩的轴对中原理。其选择由设计传统所决定。

第 7 章讨论了叶轮机械领域常用的诊断方法。本章给出了测量转子和结构振动水平的多种诊断工具，其测试数据可用于叶轮机械常见问题的故障诊断及潜在解决方案。此外，还给出了透平运行问题及其对转子振动的影响等内容。

第 8 章列出了叶轮机械中常见的振动问题。给出了 11 个实际案例，其中转子裂纹的例子讨论了观察到的症状和潜在的解决方案。

1.3　叶轮机械转子动力学基础

转动轴通常称为转子，对叶轮机械至关重要，其广泛应用于汽车传动轴、电机、泵、化工设备、制糖和造纸厂的小型机械,以及采用蒸汽透平、燃气透平、风力透平和电机的大型发电厂设备。

本书所讨论的问题及其对应的解决方案适用于大部分旋转机械。本章以蒸汽透平为例,讨论了各种设计分析方法,重点强调转子动力学分析及其在叶轮机械总体设计中的作用。本章以蒸汽透平为例,讨论了各种设计分析方法,重点强调转子动力学分析及其在叶轮机械总体设计中的作用。本章介绍了转子弯曲与扭转两种主要振动模态及其不同特征和行为,讨论了合适建模工具,可以用于分析透平-电机(T-G)系统在承受多种外激励函数时的动态响应特性。本节以"杰佛考特转子"为例讨论了转子动力学的基本原理和术语,为深入理解旋转机械的相关问题打下扎实基础。

本章主要讨论转子做横向振动的动力学基本原理,关于扭振和横向振动的详细内容将在第2章讨论。

1.4 转子动力学在旋转机械设计中发挥的重要作用

本书通过简单回顾各种类型的透平设计来更好地理解转子动力学在旋转机械中发挥的重要作用。图1.1给出了应用于大型T-G系统的反向对称流动的低压(LP)蒸汽透平结构。

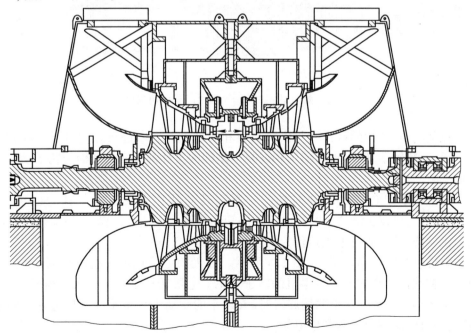

图1.1 (见彩图)低压蒸汽透平内的反向流动(由西门子公司提供)

蒸汽由中间截面的转子进入流道,然后沿着图 1.1 中有红色箭头所示的两个相反方向均等地进行膨胀。当蒸汽通过每级的静子和转子叶片时,会发生膨胀并产生机械功。类似的工作原理也会发生在高压(HP)透平和中压(IP)透平中,它们一般与低压透平耦合工作。透平通过与之相连的电机,进一步将产生的机械能转化为电能。

蒸汽每经过一级透平叶片膨胀后,其比容都会增加,沿着蒸汽流道需要设计更多、更长的透平叶片排以适应蒸汽膨胀所带来的体积增加量。因此,低压透平转子最后几排叶片也是最长的。低压透平最后几排更长的转子叶片凭借其柔性,可以承受横向和/或扭转振动。

低压透平叶片排中质量变化引起的转子前缘附近质量不平衡会增加横向振动。更长且柔性更大的透平转子叶片的转动惯量和/或固有频率变化会影响其扭转振动。根据转子结构的不同,低压透平的 1~3 排末级转子叶片会在工作转速附近发生扭转振动,而高压透平和中压透平叶片长度较短且刚度更大,一般很少在工作转速及其附近发生扭转振动。

图 1.2 给出了燃气轮机透平转子。空气经过压气机叶片级后被压缩到某一最大压力值,然后高压空气在燃烧室内与燃料混合并被点燃后产生高温、高压的燃气,最后高压燃气在透平叶片级内膨胀并产生机械功。

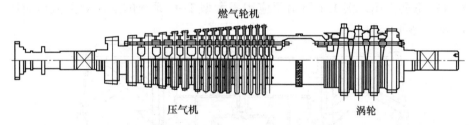

图 1.2　燃气轮机的例子(由西门子公司提供)

在蒸汽中,叶片的设计均要依照热力和气动设计要求进行。同时,外围结构,如机匣、油膜轴承、轴承支承结构和混凝土基础的设计都要满足结构与转子动力学要求。

风力透平包含位于转轴前端的一系列转动叶片以及与之共轴的电机,如图 1.3 所示。风速驱动透平叶片以不同的转速旋转。在这个过程中,风能就可以转化为机械能,然后通过电机转化为电能。

电机包含定子和转子,如图 1.4 所示。电机的定子包括一些电线圈(电枢线圈),这些线圈沿周向布置在电机的转子周围。电机转子是一个很大的电磁铁,能够产生转动电磁场。当电磁场旋转时(在透平的驱动下),定子线圈导电并切割电磁线,通过电磁感应过程产生电能。

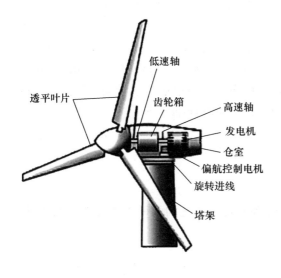
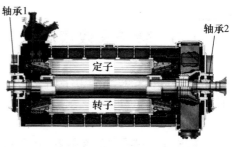

图 1.3　风力机透平的截面
（风力机透平的示意图，由 ESN 绘制）

图 1.4　电机

虽然以上讨论的 4 个例子都与透平电机有关，但是这里及后续章节所讨论的一般设计原则(以其中一种方式或其他方式)适用于几乎所有的旋转机械。下面简单概括在蒸汽/燃气透平设计中采用的动力学分析：

（1）热力学分析：用于定义基于目标性能和效率的叶片流道的包络面/边界。在透平设计中的第一层分析主要确定透平外廓的边界，它包含透平定子和转子叶片。叶片流道设计用于确定最佳的叶片长度及由透平入口至出口的转子叶型。最后是设计包裹透平各部分的腔体或机匣结构。

（2）气动分析：重点是依据热力学设计，通过最大限度地削弱二次流动干扰以形成流线型流道结构。该分析的目的是实现流动损失的最小化以及热性能和效率的最大化。

（3）结构动力学分析：用于机匣、轴承支承座和基础结构设计，以确保计算的应力水平满足透平发动机的设计强度要求和疲劳寿命目标。

（4）转子动力学分析：用于识别和回避转子系统在设备运行转速附近的共振频率，同时进行次谐波频率分析以消除或减小由油膜和/或蒸汽和/或气体诱发的转子不稳定性。

热力学或气动设计中的差异会导致设备性能或效率的降低，但是透平仍能工作。然而，如果设备结构设计有缺陷，就会遇到振动问题。例如，结构部件如轴承座可能会与转子共振，并随着时间推移导致其刚度劣化，进而产生高强度振动。虽然设备在短期内仍可以处于平衡运动继续工作,但其仍可能会经历间歇性的高强度振动,直至结构缺陷得以纠正。

如果出现严重的油膜振荡或蒸汽气流激振导致的涡动,转子系统可能会发生失效,这通常需要在机组顺利投入运行之前进行大幅度改进设计,由此可见,转子动力学在旋转机械设计中具有至关重要的作用。本节描述了转子动力学的主要内容。油膜轴承性能及其与转子相互作用会在第 4 章详细讨论。

1.5 转子失效模态

在深入探究转子动力学细节之前,先理解转子系统的两种主要失效模态,即扭转振动和横向振动。

1.5.1 转子扭转引起的扭转振动

如图 1.5 所示,轴端 A 固定,扭转力矩施加在轴的自由端 B,此时轴发生扭转(或承受角位移),并使其节点位于固定端 A。这种轴状态的形状称为模态振型,模态振型通常与轴的固有频率有关。

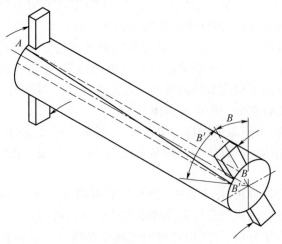

图 1.5 轴扭转

当轴受到外部扭矩的影响发生振动时,其角位移的增加导致轴发生扭转振动。当外部扭矩的频率与轴的固有频率一致时,振幅达到峰值。此时转子与施加扭矩的频率发生共振,对应的模态振型也得到了充分发展(如单一的扭转模态),而且轴将承受更大的扭转振动。

电网侧的过大扰动导致轴系发生扭转共振。扭转动力学涉及转子系统扭转固有频率的测定及其相关的扭转模态。固有频率的测定精度对于旋转机械的安全运行至关重要。正如图1.5所描述的那样,如果轴在共振这种极限状态下长时间运行,过度的扭转振动就会导致轴的疲劳破坏。此时与轴系相连的其他部件(如透平叶片)也会受到影响。因此,扭转频率的评估已经成为转子设计过程必不可少的一部分。

大型转子系统(如多组件的汽轮机)可能会出现多种扭转频率及对应的模态。当一个或多个转子系统的频率接近轴系的工作频率时,轴系就会发生共振,这对透平电机系统的损害很大。在第2章将进行更详细的讨论。

1.5.2 转子弯曲引起的横向振动

如图1.6所示,质量不平衡力会激发转子弯曲(或横向)固有频率及其对应的弯曲模态。

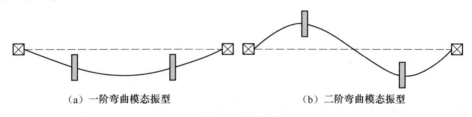

(a) 一阶弯曲模态振型　　　　　(b) 二阶弯曲模态振型

图1.6　轴弯曲

当激振力的固有频率接近转子固有频率中的任何值时,转子振动就会被激发起来。

当激振频率与转子固有频率一致时,质量不平衡会造成转子较大的振动。

转子弯曲和横向振动等同于角扭转和扭转振动。相比于转子的扭转发生在转轴,转子的弯曲则发生在转子的两个正交平面上。因此,在不同的支承结构下(如油膜轴承和支座),转子在垂直面(或方向)和水平面(或方向)分别具有不同的横向频率。除非弯曲和扭转运动是机械耦合的,否则这些弯曲引起的横向频率不同于扭转引起的频率。横向振动的主要驱动力是转子系统出现的质量不平衡。

横向振动可以由多个因素引起,其中最重要的是质量不平衡、油膜力、蒸汽引起的不平衡载荷或支座劣化。上述因素引起的过度振动会不同程度地损坏转子系统。这些影响将在第3章和第4章讨论。需要强调的是,油膜和支座刚度劣化效应只会影响转子的横向振动特性,但不会影响其扭转振动特性。转子动力学默认是指横向动力学。

1.6 转子动力学和结构动力学

转子动力学和结构动力学中的术语对比见表1.1。

表1.1 转子动力学和结构动力学中的术语对比

静止结构	转子	附注
振动(图1.7(a))	涡动(图1.7(b))	术语
固有频率,圈/s 或 Hz	临界转速 $N_{cr} = \dfrac{60}{2\pi}\sqrt{\dfrac{K_{eq}}{m}}$	转子固有频率换算为转速
模态振型命名为 1st、2nd、3rd…	模态振型根据转子的涡动特征命名,如"圆柱状涡动"(表示一阶转子弯曲)和"圆锥状涡动"(表示二阶转子弯曲)(图1.7(c))	
结构响应 $y = \dfrac{F}{-m\omega^2 + k}$	转子响应是前后涡动分量的组合 $Y(t) = e^{-j\omega t} + e^{j\omega t}$ [图1.7(d)]	
结构可以受单个或多个外源力激励	转子主要受转子系统中存在的残余质量不平衡量的激励	不平衡响应通常只发生在速度同步时(转子的涡动速度和转动速度相同)
通常,稳定结构内部不会产生失稳力	转子容易受到系统内部失稳力的影响,例如油膜振荡和气流激振	

1.6.1 结构振动和转子涡动

当结构受到外力扰动时,就会相对于参考点/位置发生振荡运动[图1.7(a)],这种周期性振荡就称为振动。当转子悬浮于油膜轴承内时,受扰动后就会在轴承间隙空间内发生涡动,此时监测到的转子中心轨迹称为转子涡动,如图1.7(b)所示。转子的涡动同时伴随着静态弯曲发生,而不是像结构一样整体振动。转子振动通常泛泛地指转子涡动幅值。

1.6.2 结构固有频率和转子临界转速

静止结构包含多个振动模态及其相关的固有频率,而当转子的固有频率(换算为 r/min)与其转速一致时,转子响应达到峰值,此时峰值响应值处对应的转子转速称为临界转速。

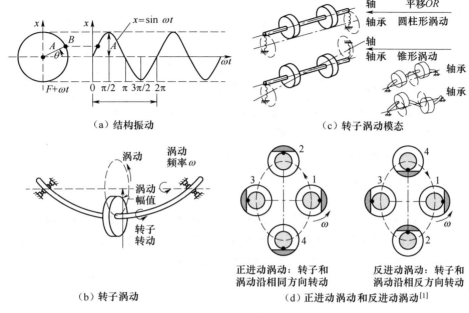

图 1.7 转子结构振动模态及涡动示意图

1.6.3 结构模态振型和转子涡动

静止结构的频率用它们的模态振型识别,如 1 阶、2 阶、3 阶等。在转子动力学中,转子模态则是基于它们的涡动类型予以识别。转子的第一模态与其 1 阶临界转速有关,称为平动涡动或圆柱形涡动,而第二模态称为锥形涡动[2]。在圆柱形涡动模态下,转子以圆柱形态发生涡动,并在两端表现出圆形的旋转运动。而锥形涡动则是像两个旋转方向相反的圆锥体,但是这两个锥体的顶点均位于转子中心。这两种转子涡动模态的对比如图 1.7(c) 所示。

1.6.4 结构响应和转子涡动响应

当激振力的频率接近结构的固有频率时,振动就会加剧。同样地,当转子承受残余质量不平衡力时,就会发生涡动,由此产生的涡动包含正、反两个涡动分量。在正进动涡动中,转子转动方向与其涡动方向一致(通常为逆时针);而在反进动涡动中,转子转动方向与涡动方向相反,如图 1.7(d) 所示。因此,质量不平衡激励引起的转子涡动(或者转子振动)是正进动涡动或反进动涡动主导的,具体是哪种取决于油膜的动态特性。

1.6.5　结构激励和转子激振力

任何类型的受迫激励(如单频或谐波或随机类型)都能在一个静止结构中引起往复振荡,通常称为振动。转子中常见的激振源是"不平衡质量"。轴的质心和几何中心不重合引起轴的偏心量,会增大质量不平衡力。偏心量的大小取决于转子几何中心和质心之间的差值。轴的偏心度由以下一个或多个因素引起。

(1) 非均匀圆形锻件。
(2) 加工中心的不同心。
(3) 装配不同重量叶片、轴跳动、错位等造成的偏心。

转子不平衡激励通常发生在转子的转动转速和涡动转速相同而出现"同步涡动"时;而当转子的转动转速和涡动转速不一致时,"对应非同频涡动"。例如,在 1/2×(或一半)或低于转子转速发生的次同步转子涡动;非对称转子发生的 2 倍或 2 倍转速的涡动。

1.6.6　结构稳定性和转子稳定性

静止结构不稳定振动是很少出现的,但是对于悬浮在油膜轴承内的转子来说,会在转子的次同步频率出现"油膜振荡"工况。在油膜振荡发生之前,转子转动转速与涡动转速是一致的,但是在油膜振荡过程中,转子的转动转速与涡动转速分离开来,并锁定在次同步固有频率处。从此刻开始,转子的涡动振幅逐渐增大,直至其转速达到额定转速。转子的这种动态工况也称为"次同步频率涡动"。蒸汽/燃气的不平衡力会导致蒸汽或燃气的涡动。尽管蒸汽或燃气振荡的激振源不同,但两者具有相似的特征,如油膜振荡。油和蒸汽的涡动都发生在工作频率以下,它们统称为"次同步涡动"。

下面介绍转子建模方法的例子,有助于更好地理解转子动力学特性。转子的运动方程由文献[2]及众多教科书和技术出版物中所描述的能量定理导出,这里就不再赘述。

1.7　实例

下面以杰佛考特转子为对象,重点讨论 4 个复杂度逐渐增加的示例。

1.7.1 杰佛考特转子模型示例 1

转子动力学领域的研究人员[2-6]通常用杰佛考特转子模型来解释转子动力学特性。带有单转盘的杰佛考特转子安装在无质量轴的中央位置,两端采用刚性支承,如图 1.8 所示。虽然这里描述的转子垂直和水平运动分别表示在 y 轴和 z 轴方向,但是在后面的章节中,由不同分析工具得到的结果将均变换为 x 轴和 y 轴方向,且每种坐标系中得到的结果都是相同的。这个转子系统可以用一个简单的集中载荷/刚度模型进行简化,如图 1.8(a)所示。

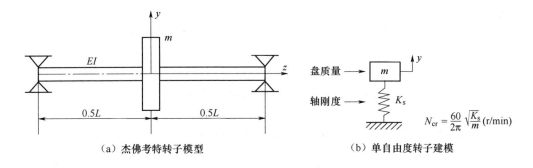

(a) 杰佛考特转子模型　　　　　(b) 单自由度转子建模

图 1.8　集中载荷/刚度模型的杰佛考特转子

图 1.8 中的杰佛考特转子可以用质量为 m 的圆盘和刚度为 K_s 的轴来进行简化,由此得到转子运动方程为

$$m\ddot{y} + K_s y = 0 \tag{1.1}$$

假定 y 为正弦运动 $y = A\sin\omega t$,式(1.1)可写为

$$-A\omega^2 \sin\omega t + K_s A\sin\omega t = 0 \tag{1.2}$$

$$\omega = \sqrt{K_s/m} \tag{1.3a}$$

ω 为周/s 或 Hz,也可以转换为临界转速 r/min,即

$$N_{cr} = \frac{60}{2\pi}\sqrt{\frac{K_s}{m}} \tag{1.3b}$$

式(1.3a)中的转子频率可以转换为式(1.3b)中的临界转速 N_{cr}。这是杰佛考特转子在集中质量载荷假定下的基本弯曲频率。需要注意的是,这种方法只能用于获取转子频率的近似信息,用其估算更高频率是很不准确的。因此,还需要考虑更复杂的具有多自由度的转子模型。

1.7.2　杰佛考特转子模型示例 2

在示例 2 中,原有的在示例 1 中放置于刚性支承上的杰佛考特转子改为置于柔性支承座上,且两端具有相同的弹簧刚度,如图 1.9 所示。在这种结构中,转盘质量 m 与之前相同,但是此时的系统刚度则变成轴刚度 K_s 和支承刚度 K_p 的组合。将系统中的两个弹簧串联起来就得到了系统的刚度,即系统有效刚度 K_{eq}。

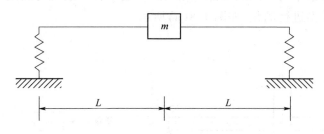

图 1.9　置于两个弹簧上的杰佛考特转子

采用这种简单串联弹簧的方法,等效刚度可表示为

$$\frac{1}{K_{eq}} = \frac{1}{K_s} + \frac{1}{2K_p} \tag{1.4a}$$

$$K_{eq} = \frac{K_s \cdot 2K_p}{2K_p + K_s} \tag{1.4b}$$

示例 2 中的 K_{eq} 小于示例 1 中的 K_s,可以用式(1.4b)中来证明 $K_{eq} < K_s$。假定 K_s 为 5 个单位,K_p 为 7 个单位,计算可得 K_{eq} 为 3.68 个单位,其值小于 K_s 的 5 个单位。在相同转子质量和较低系统等效刚度 K_{eq} 下,示例 2 中转子新的临界转速可以计算得到为 N_{cr1},其值小于 N_{cr}。

在上面的示例中,如果取支座刚度 K_p 值为 4 个单位,且保持轴刚度 K_s 为 5 个单位,那么新的等效系统刚度 K_{eq} 就变成了 3.08 个单位,低于上一步计算得到的 3.68 个单位。这个示例中的转子临界转速 N_{cr2} 要小于上一步中的 N_{cr1}。

上面的两个示例表明,转子的临界转速比较敏感,即使轴的刚度保持不变,也会随着支座刚度的变化而发生改变。油膜刚度是除支座刚度之外还需考虑的另一个系统变量,这将在后面讨论。

到目前为止,已经讨论了单自由度的单一平面运动的简单模型(y 向位移)。在现实生活中转子是同时在两个正交平面(YX 和 ZX)上发生涡动的,如图 1.10 所示。它至少有两个自由度,将在 1.7.3 节中讨论。

1.7.3 杰佛考特转子模型示例 3

在示例 2 中应用了单一自由度模型,得到了转子的基本弯曲频率。现在把杰佛考特转子放置在两个弹簧支承上,使其构成两个相互正交的平面,如图 1.10 所示。此时转子的质量仍然为 m,但是转子模型变成了 2 自由度的系统。

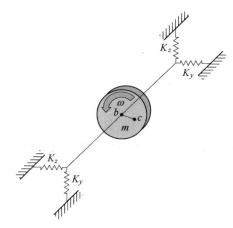

图 1.10　杰佛考特转子置于由两个相同弹簧支承构成的正交平面上

当两个弹簧沿 Y 方向和 Z 方向的刚度相同时,转子在两个正交平面上的受迫运动也相同。在这种情况下,转子发生圆形涡动。

当正交平面上的弹簧刚度不同时,由此得到的转子运动也随之改变,此时转子涡动不再保持圆形涡动轨迹,而是发生非圆形或椭圆形涡动。

下面采用这个具有不同支承刚度的简单杰佛考特转子模型进一步讨论其转子动力学特性。这种简单的两平面方法表征了真实的转子动力学模型,可以应用于具有多质量的复杂转子系统。为简单起见,暂不考虑阻尼。

1.7.4 杰佛考特转子模型示例 4

在杰佛考特转子(图 1.5)的转盘中心处施加偏心度为 a 的质量不平衡量,如图 1.11 所示。在固定的 XYZ 坐标系上(其中 X 是原点,Y 是垂直方向,Z 是水平方向),转盘的几何中心从 X 处偏移至 G 点,因此质量中心 M 距离几何中心 G 点的偏心度为 a。

这个示例的目的是呈现悬挂在非均质轴承上的转子的不平衡响应。如果 K_s 是转轴的刚度,且忽略系统的阻尼,那么转子分别在两个正交平面上的运动方程可

以写为

$$\begin{cases} m\dfrac{d^2}{dt^2}(z + a\sin\omega t) + K_s z = 0 \\ m\dfrac{d^2}{dt^2}(y + a\cos\omega t) + K_s y = 0 \end{cases} \quad (1.5)$$

式中：$m = \dfrac{w}{g}$。

式(1.5)可以展开为

$$\begin{cases} m\ddot{z} + K_s z = ma\omega^2 \sin\omega t \\ m\ddot{y} + K_s y = ma\omega^2 \cos\omega t \end{cases} \quad (1.6)$$

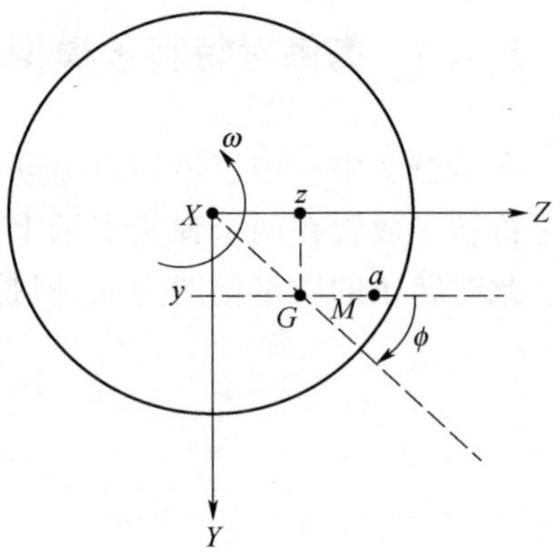

图 1.11　转子不平衡参数
注：a 为偏心度；G 为几何中心；ϕ 为相位差。

式(1.6)可以通过假定转子发生简谐运动而进行求解。对于对称支承刚度条件，转子沿着两个正交平面 XZ 和 XY 的涡动是相同的，此时转子发生圆形涡动。实际上，叶轮机械中的转子是油膜轴承支承的，这就为转子系统增加了非均质的油膜条件。

1.8　油膜刚度

非均质支承刚度系数(来自油膜和支座)是转子沿着两个正交平面发生不同涡动的原因，并由此形成转子的椭圆形涡动。非均质的油膜轴承刚度也是转子发生正进动涡动和反进动涡动的原因。为简化起见，此处不考虑油膜阻尼。

转子的等效刚度和油膜刚度就变成如下形式：

$$\begin{cases} \dfrac{1}{K_y} = \dfrac{1}{K_s} + \dfrac{1}{K_{by}} \\ \dfrac{1}{K_z} = \dfrac{1}{K_s} + \dfrac{1}{K_{bz}} \end{cases} \quad (1.7)$$

1.9　转子正进动和反进动涡动矢量

本节介绍两个平面上的轴承特性(用 Z 方向和 Y 方向的线性弹簧表示)。应用式(1.6)和式(1.7)，并将三角函数转换为指数形式，则运动方程可表示为[7]

$$\begin{cases} m\ddot{z} + K_s z = \dfrac{ma\omega^2}{2i}(e^{i\omega t} + e^{-i\omega t}) \\ m\ddot{y} + K_s y = \dfrac{ma\omega^2}{2}(e^{i\omega t} + e^{-i\omega t}) \end{cases} \quad (1.8)$$

式中：$i = \sqrt{-1}$。

假定

$$\begin{cases} z(t) = z_F e^{i\omega t} + z_b e^{-i\omega t} \\ y(t) = y_F e^{i\omega t} + y_b e^{-i\omega t} \end{cases} \quad (1.9)$$

如图 1.12 所示,将式(1.9)代入式(1.8)可得

$$\begin{cases} z_F = \dfrac{2ma\omega^2}{K_z - m\omega^2} \\ y_F = \dfrac{2ma\omega^2}{K_y - m\omega^2} \end{cases} \quad (1.10)$$

转子涡动的最大振幅是正、反进动涡动的组合：

$$R(t) = y(t) + iz(t) = \dfrac{1}{2}\left(\dfrac{ma\omega^2}{K_y - m\omega^2} + \dfrac{ma\omega^2}{K_z - m\omega^2}\right)e^{i\omega t} + i \cdot \dfrac{1}{2}\left(\dfrac{ma\omega^2}{K_y - m\omega^2} + \dfrac{ma\omega^2}{K_z - m\omega^2}\right)e^{-i\omega t}$$

$$= r_F(\text{forward}) + r_B(\text{backward})，对应椭圆形涡动 \quad (1.11)$$

转子的分裂临界转速包括以下两种情况：

(1) 如果 $K_z = K_y$,则式(1.11)中的第二项消失,只产生正进动的圆形涡动。

(2) 如果 $K_y > K_z$,则有

$$\omega_{by} = \sqrt{\dfrac{K_y}{m}},\omega_{bz} = \sqrt{\dfrac{K_z}{m}}\omega_{ny} > \omega_{nz} \quad (1.12)$$

转子响应随转子转速的变化图就是转子系统临界转速,如图 1.13 所示。

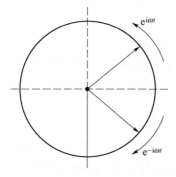
图 1.12　正进动和反进动涡动矢量

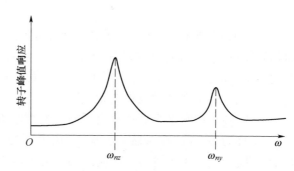
图 1.13　临界转速图

画出正、反进动的涡动轨迹圆。结合正、反进动振幅绘制 S_{max} 线,同时绘制与这条线正交的 S_{min} 线,从反进动涡动振幅中减去正进动涡动振幅,分别把直线的两个端点以抛物线的形式连接起来。根据已知的长、短轴之间的相位角调整抛物线的方向。在情况(2)中,$\omega_{ny} > \omega_{nz}$。这里存在三种情况:

(1) 当转子旋转速度 ω 位于水平临界转速 ω_{nz} 以下时,有

$$\begin{cases} \text{Mag}\, r_F = \dfrac{ma\omega^2}{2}\left[\dfrac{1}{m(\omega_{ny}^2 - \omega^2)} + \dfrac{1}{m(\omega_{nz}^2 - \omega^2)}\right] \\ \text{Mag}\, r_B = \dfrac{ma\omega^2}{2}\left[\dfrac{1}{m(\omega_{ny}^2 - \omega^2)} - \dfrac{1}{m(\omega_{nz}^2 - \omega^2)}\right] \end{cases} \quad (1.13)$$

当 Mag r_F > Mag r_B 时,转子发生正进动涡动,如图1.14所示。

(2) 当转子旋转速度 ω 位于水平临界转速 ω_{nz} 和垂直临界转速 ω_{ny} 之间时, Mag r_B > Mag r_F,转子运动由反进动主导,因此发生反进动涡动,如图1.15所示。

(3) 当转子旋转速度 ω 大于垂直临界转速 ω_{ny} 时,此时 Mag r_F > Mag r_B,转子发生正进动。

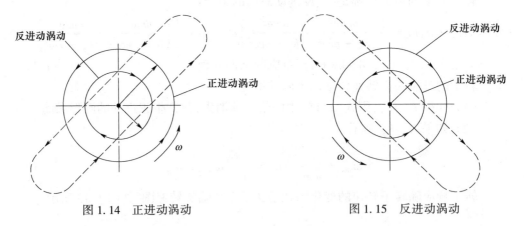

图1.14 正进动涡动　　　　　图1.15 反进动涡动

如图1.13所示,转子在水平 Z-X 平面的响应达到峰值(对应第一水平转子弯曲临界频率 ω_{nz})之前,其涡动保持正进动。随着转子转速的进一步增加,其涡动变化为反进动,直至其响应达到下一个峰值(对应第一垂直转子弯曲临界频率 ω_{nz})。随后,转子涡动继续保持正进动。

通常,转子在水平平面和垂直平面的两个临界转速具有相似的第一弯曲模态振型,也称为转子的"分裂临界转速"。由上面的讨论可以看出,在图1.13中第一转子弯曲模态(或 U 形模态)对应的两个峰值响应之间,转子涡动方向是反进动。这是油膜轴承支承转子的特有属性。上述涡动的正、反进动方向变化也能在 Subbiah 的实验测试中观察到并有相应的论述[4]。分裂临界转速在各向同性的滚

动轴承支承转子(在所有转速均具有相同的支承刚度)上尚未观察到。

本章讨论的简单转子系统模型是对转子动力学特性的最基本理解,这些基础知识有助于掌握大型的多自由度系统。

1.10 小结

本章讨论了以下几方面:

(1) 叶轮机械的设计分析方法,以及转子和结构动力学分析的重要性和独特性。

(2) 对比分析了静止结构和转子的动态特性,以便更好地理解和领会转子动力学特性。

(3) 讨论了杰佛考特转子的简单运动方程(复杂性逐渐增加)。

(4) 介绍了转子扭转(扭转振动)和转子弯曲(横向振动)两种失效模态,详细内容将在第2章介绍。

参考文献

[1] Tse F, Morse I, Hinkle R. (1978) Mechanical vibrations. Prentice Hall, New Jersey.

[2] Vance J M. (1988) Rotordynamics of turbomachinery. Wiley, New York.

[3] Nordmann R. (1984) Identification of modal parameters of an elastic rotor with oil film bearings. Trans ASME, 83-DET-11.

[4] Subbiah R. (1983) Experimental verification of simultaneous forward and backward whirling at different points of a Jeffcott rotor supported on identical journal bearings. J Sound Vib:379-388.

[5] Lund J W. (1965) Rotor bearings dynamics design technology, part V: computer program manual for rotor response and stability. Mechanical Technology Inc., Latham, NY, AFAPL-Tr-65-45.

[6] Rao J S. (1983) Rotor dynamics. Wiley, New York.

[7] Subbiah R. (1985) Dynamic behavior of rotor systems with a comprehensive model for the hydrodynamic bearing supports using modal analysis and testing. PhD thesis, Concordia University, Montreal, Canada.

第2章
数学模型

2.1 引言

第1章介绍了转子和支承系统的简单数学模型。在第1章中所介绍的简单转子和结构动力系统、术语和特性为我们学习大型转子系统奠定了坚实的基础。本章重点阐述质量和刚度单元模型,以建立精确的转子系统模型;详细讨论高级转子建模方法,如有限元(finite element,FE)、传统的传递矩阵(transfer matrix,TM)及其组合方法。此外,还会介绍应用于横向振动和扭转振动分析的数值求解方法。

2.2 概况

第1章完成了以下工作。
(1) 以蒸汽透平为例,介绍了转子动力学在旋转机械中的重要性。
(2) 介绍了静止结构和转子结构的动力学特性,以及它们的相似点和不同点,以便更好地理解转子动力学特性。
(3) 利用包含油膜刚度和支承座的杰佛考特转子模型,介绍了转子动力学的基本术语。
(4) 介绍了两种主要的转子失效模态,即包含一个和两个自由度模型的转子扭转(扭转振动)和转子弯曲(横向振动)。
本章将详细讨论弯曲和扭转转子的建模方法。

2.3 横向(弯曲)转子动力学模型

横向振动的转子系统如图2.1所示,包括:转子,油膜轴承,轴承座,混凝土基础或基础支承。

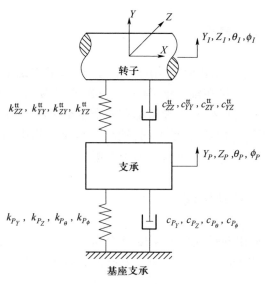

图 2.1 横向振动的转子系统

2.3.1 转子建模

采用两节点梁对转子连续体(长度与直径之比通常为 2∶1)进行离散化。每个节点包含两个位移(Y 向和 Z 向的弯曲力引起)、两个转动 θ 和 ϕ(Y 和 Z 向的弯矩引起)。油膜轴承和支座单元在适当的节点位置与转子串联。油膜轴承单元包括刚度和阻尼系数(图 2.1 中带有上标"tt"的为油膜系数,仅表示平移运动,转动效应不显著),而支座特性则用其平动刚度来表示。在 θ 和 ϕ 方向的转动效应与支座无关。尽管越来越复杂的有限元转子模型逐渐成为建模标准,但是这种耗时相对较少的梁模型足以胜任转子系统的建模和分析。需要记住,在弯曲转子动态模型中,轴向自由度 X 总是受约束的。

2.3.2 油膜轴承建模

在转子适当的节点位置添加油膜轴承单元。通常,一个轴承单元由 8 个动态线性系数组成,其中 4 个由油膜刚度决定,另外 4 个由油膜阻尼决定[1-3]。此外,4 个系数分别表示 Y 轴和 Z 轴上的两个共线与两个交叉耦合的平面力。应该注意,对于稳态工况的小振幅转子运动来说,线性轴承系数是相对准确的。当振幅超过轴承间隙值时,转子运动会变成非线性,因此,线性模型不适用于精确预测转子涡动振幅。

2.3.3 轴承支座建模

轴承支座作为透平复杂机匣结构的一部分,通常采用钢结构设计。在汽轮机中,支座单元基本上是焊接在轴承锥、轭圈和汽缸水平接头之间的管道或支板,它们被简化为单自由度的弹簧,每个弹簧都在两个正交平面上,并在适当的情况下与相应的支座质量关联。与油膜轴承不同,轴承支承座结构中的交叉耦合刚度效应是不显著的,因此在转子动力学分析中不予考虑。

2.3.4 混凝土基础建模

混凝土基础通常比轴承支座的刚度至少高出 10 倍甚至更多,在正常工况下对转子动力学的影响很小。因此,混凝土基础的影响不做进一步讨论。

2.3.5 钢结构基础

钢结构基础在欧洲和其他地方广泛应用,但是很少应用在美国国内安装的透平上。由于钢结构基础使用了结构钢,它为整个转子支承系统提供了额外的灵活性。

2.4 求解方法

通常采用两种转子动力学数值方法进行转子系统的轴连续体建模。传递矩阵(transfer matrix,TM)法和有限元(finite element,FE)法。

这里介绍的目的是让读者了解转子系统建模所涉及的各种子系统,而不是淹没在众多的数学方程中。当用户考虑采用商业软件或内部软件进行转子系统建模时,这里所做的建模讨论可以为他们提供很多便利。本章稍后还将讨论高级建模方法。

2.4.1 传递矩阵法

图 2.2 为采用传递矩阵模型对转子轴进行离散化。

转子被分割为少量的离散梁单元,每个梁单元包含两个节点,且梁单元的质量均分集中在这两个节点上。在节点处分别定义平面转子位移(Y 方向和 Z 方向)、

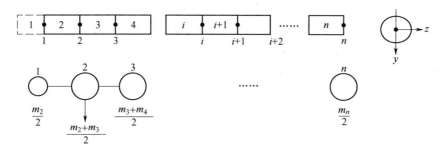

图 2.2 轴的传递矩阵建模

旋转(ϕ 和 θ)、相关力(F)和力矩(M)。对与节点位移和力一致的离散梁单元建立质量与刚度特性的运动方程。图 2.3 给出了 OXY 平面(垂直面)的运动方程,OXZ 平面(水平面)也可以采用类似的表示。文献[1-2]给出了详细的传递矩阵(TM)公式,这里就不再赘述。

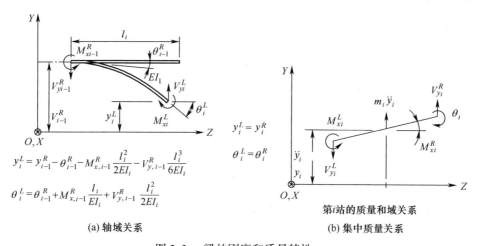

(a) 轴域关系　　　　　　　　(b) 集中质量关系

图 2.3 梁的刚度和质量特性

节点矢量分别表示位移(y,z)、转动(ϕ,θ)、剪切力(V_Y 和 V_Z)及弯矩(M_X)。如图 2.4 所示,一个梁单元由两个节点连接。

图 2.4 节点和单元示意图

在图 2.4 中,上标中的数字表示节点,下标中的数字表示单元。从轴的 1 号位置开始,通过"场矩阵"连接位置 1 和位置 0 的状态矢量 S 可以写为

$$\{S\}_1^L = [F]_1\{S\}_0 \tag{2.1}$$

在式(2.1)中,状态矢量 S 包括任一节点的位移(y)、旋转(θ)、力矩(M)和力(V)。单元1包含节点0和1。因此,通过代表梁刚度特性的"场矩阵",就可以把节点1的左状态矢量与节点0的状态矢量连接起来。

然后,在式(2.2)中,节点1的右状态矢量将称为"质量矩阵"的集中质量特性与节点1的左状态矢量连接起来。通过质量矩阵,即可建立起连接节点1左、右状态向量的等式:

$$\{S\}_1^R = [P]_1\{S\}_1^L \tag{2.2}$$

将式(2.1)代入式(2.2),由此单元1的左、右状态矢量可变为

$$\{S\}_1^R = [P]_1[F]_1\{S\}_0 \tag{2.3}$$

类似地,对于第 n 个单元系统(n_{th}),式(2.3)可写为

$$\{S\}_{n+1} = [F]_{n+1}[P]_n[F]_n[P]_{n-1}\cdots[F]_1\{S\}_0 \tag{2.4}$$

当已知节点0处的边界条件时,就可以求解出状态矢量 $\{S\}_1^R$ 的参数。其他单元以此类推。

很多单元,如轴承、集中质量或刚性盘、不平衡力,都可以添加到合适的转子节点位置,如图2.5所示。

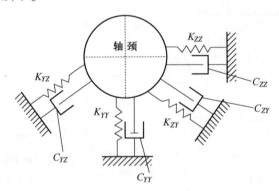

图 2.5 单元在转子节点的位置

2.4.2 二维有限元公式

转子连续体采用有限元进行建模,如图2.6所示。转子可简化成一些有限的单元体,每个轴单元包含两个节点,每个节点包含4个自由度(dof),即分别在 Y 和 Z 平面的两个平移 y 和 z,以及分别绕 Z 轴和 Y 轴的旋转 θ 和 ϕ。单元质量特性沿着单元分布,而不是像传递矩阵公式质量集中在节点上。刚度特性分布在各单元矩阵之间。根据节点的自由度参数组合单元质量和刚度矩阵。

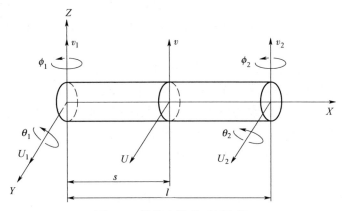

图 2.6 轴的有限单元梁离散

图 2.7 给出了一个单元刚度矩阵组合的例子。这方面的研究已有很多,感兴趣的读者可以参阅本章的参考文献。Nelson 和 McVaugh[3],详细介绍了转子-油膜和支座系统的有限元建模方法。Subbiah[4] 和 Ratan[5] 则结合传递矩阵法与有限元法的优点,对转子建模过程进行了简化。Subbiah 和 Rieger[6] 介绍了转子系统的瞬态分析。

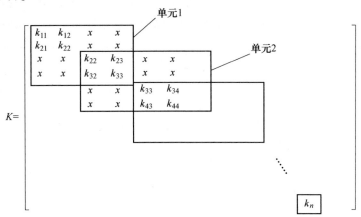

图 2.7 单元刚度矩阵组合的例子

2.4.3 转子系统的陀螺效应

了解"陀螺力矩"对转子频率的影响至关重要。当柔性轴上的转动盘在正交平面上发生进动时,会产生陀螺力矩,如图 2.8 所示。陀螺力矩对转子系统的影响如下:

（1）转子内的轴向转盘也在垂直于转轴的两个正交平面上发生进动，因此在这两个平面上产生陀螺力偶或力矩。由此产生的转盘陀螺力矩可以增加轴的刚度和固有频率。

① 对于具有类似于杰佛考特转子的中心盘的转子，由于转盘位于反节点位置（U形模态），此时转盘的陀螺力矩对转子第一固有频率没有影响。

② 由于单个或多个转盘均位于节点位置，陀螺力偶倾向于增加转轴刚度及与锥形模态相关的转子第二固有频率（S形模态）。

③ 转子动力学模型中不考虑陀螺效应建模（尤其是带有中心盘的转子）可能会导致转子第二固有频率被低估。

（2）透平转子受陀螺力偶的影响很小。因为它们通常在转子中间平面上没有很大的中心盘，或者转子中心在没有较大转盘的情况下其角位移也不大。

（3）当沿中心轴旋转的圆盘位于悬臂转子的末端时，产生的陀螺效应会增加转子的刚度和频率。在这种情况下，转盘的陀螺建模就必不可少。

（4）Den Hartog[7]对这方面有深入的见解。

（5）陀螺力矩在转动平面和平动平面上也会产生速度。转动惯量 I_p（极惯性矩）和 I_T（赤道惯性矩）及其各自的角响应 ϕ 和 θ 都会在转子系统中产生陀螺力矩。由此在 XY 和 XZ 平面上产生的陀螺效应正如 Rao[2]所述（图2.8），它们应该全部包含在转子动力学模型的运动方程中，以便于理解陀螺效应的影响。

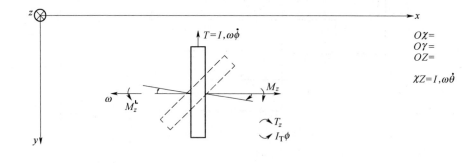

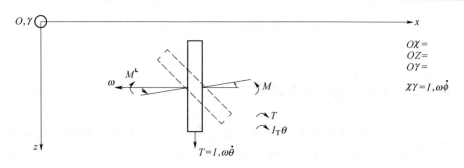

图2.8 转子盘在两个正交平面上的陀螺力矩

2.4.4 转子系统的非对称刚度效应

对于非圆形或非对称截面转子体,如电机转子,其刚度直径评估目前仍面临技术挑战。电机转子(如双极电机)为了配合铜导线而在转子体周向设置了部分沟槽,这使得体横截面是不对称的。

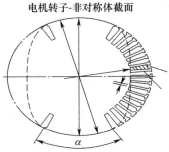

- 槽加工导致的非轴对称
- 多种材料——铜、钢、绝缘材料、三角木块
- 转动时线圈座引起的刚度差异不同,组件的内部阻尼非恒定(因模态而导)
- 获取精确的电机本体模态具有挑战性,需要测试验证
- 基于测试验证,特定发动机结构的模态需要依赖经验值进行调整
- 系统模型中最具挑战性的部分是发电机

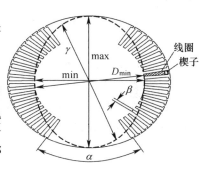

(b)

(a)

图 2.9 电机本体刚度分布(由西门子公司提供)

因此,图 2.9 中的转子实体的横截面变成了非圆形结构,同时转子体在一次旋转中表现出两种不同的刚度(在图 2.9(a)所示的正交轴上)。其振动频谱表现出 2 倍分量的稍高振幅,具体值取决于如何利用驱动楔块很好地补偿沟槽,从而使转子体的横截面更接近圆形。在大多数情况下,从电机的转子频谱图中仍然可以观察到 2 倍振动分量的小振幅。因此,对于电机不同转子体的精确建模,还需要测试确认和模型验证。

2.5 高等转子建模方法

在第 1 章中,为了更好地理解转子动力学的基础知识,采用杰佛考特转子介绍了简单的横向振动转子建模方法。本节将讨论横向振动分析的高等转子建模方法[如三维有限元模型(3D FEM)]。下面继续以蒸汽透平为例。

2.5.1 横向振动转子模型

考虑到以下几个因素,目前,二维轴对称有限元转子梁单元模型还在实践中一直应用:

(1) 转子在两个正交平面上是对称结构。
(2) 叶片质量可以集中。
(3) 可以经济、快速地解决转子动力学问题。

转子连续体可以离散成大量的有限单元和节点。转子模型在轴向受到约束,并在两端施加弯矩和剪切力。采用单元应变能(SE)对模型进行求解。基于应变能结果计算刚度直径,表示为

$$D_e = \sqrt[4]{\frac{32M^2L}{\pi EU}} \tag{2.5}$$

式中:M 为弯矩;L 为截面长度;E 为弹性模量;U 为应变能。

任何通用的转子动力学软件,都可以将刚度、质量和截面长度作为横向动力学模型的输入条件。该模型很好地兼顾了油膜动力学和支座特性,可用于转子动力学分析。

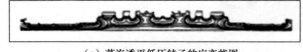

(a) 蒸汽透平低压转子的应变能图

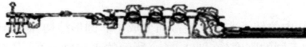

(b) 燃气透平转子的应变能图

(c) 低压转子的横向转子模型

图 2.10 应变能图与横向转子模型

图 2.10(a)(b)分别给出了蒸汽透平低压转子和燃气透平转子(对应图 1.1 和图 1.2)的应变能图。通过计算转子的有效横向刚度直径,然而用于平面(或二维)轴对称有限元模型的离散截面求解,如图 2.11 所示的反向流动低压蒸汽透平

转子。

可以采用商用软件来创建转子的有限元模型。在有限元转子模型的边界条件中,释放 Y 轴和 Z 轴的轴向自由度(及相关的旋转自由度),但约束 X 轴的轴向自由度。

(1)模拟转子两端的弯矩,如图 2.11(a)所示。

(2)采用二维有限元分析得到的单元应变能图(平面视图)如图 2.11(b)所示。这些应变能图所提供的应变能分布可以借助于公式 $D_e = \sqrt[4]{\dfrac{32M^2L}{\pi EU}}$ 用来计算刚度直径。

(3)步骤(2)计算得到的数据可以借助商用软件或内部软件用以生成转子模型。它包含一个高压转子、两个低压转子、一个电机和一个励磁器的转动部分(包括向上箭头的轴承支承)的二维横向转子模型如图 2.11(c)所示。

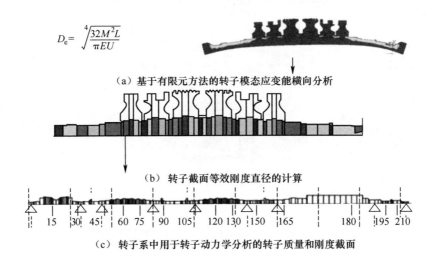

(a)基于有限元方法的转子模态应变能横向分析

(b)转子截面等效刚度直径的计算

(c)转子系中用于转子动力学分析的转子质量和刚度截面

图 2.11 采用应变能方法进行转子横向振动建模(由西门子公司提供)

目前在构建和求解三维转子模型方面还会受到计算机存储容量的限制,然而随着计算机架构和最优存储容量方面先进技术的出现及应用,计算能力提升使得求解三维问题比以前更快。转子系统的三维有限元模型如图 2.12 所示。为简单起见,图 2.12 中只显示一个透平的机匣。

三维转子模型可以通过任一商用软件产品生成。图 2.12 中的例子是通过三维实体单元构建的。转子形状的自动网格生成技术大大减少了建模工作量。软件功能支持模型节点连接的自动检测,简化了建模工作。转子几何尺寸的 CAD 模型可以导入有限元软件,使建模工作变得流畅和简单。

(a) 低压透平2的转子横向U形模态振型

(b) 低压透平1转子的横向S形模态振型

图 2.12 转子系统的三维有限元模型(由西门子公司提供)

双转子模态包括代表转子第一弯曲模态的 U 形模态(图 2.12(a))和代表转子第二弯曲模态(图 2.12(b))或锥形模态的 S 形模态。

接下来的分析可以评估并确定运行设计的可接受性。

2.5.2 刚性支承的模态频率分析或模态分析

采用具有刚性支承条件的转子模型,在不考虑油膜特性和轴承座的情况下对其进行模态频率分析。由此计算得到的转子频率通常高于考虑油膜和轴承支承座特性的工况。油膜和轴承支承座会削弱整个系统的刚度,进而使转子频率小于采用刚性支承的系统频率。这种刚性转子分析为转子动力学的深入分析提供了转子频率的初步信息。图 2.13 给出了低压透平转子的第一(U 形)和第二(S 形)弯曲模态。这种分析也称为特征频率分析。

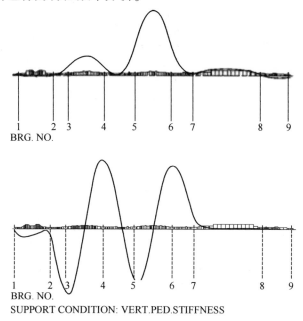

图 2.13 低压透平转子的第一和第二模态(由西门子公司提供)

2.5.3 不平衡响应计算

在考虑与转速相关的油膜效应、支承座刚度以及在转子平衡面上的质量不平衡力的情况下,进行转子的不平衡响应计算,由此得到的转子系统响应及相位角,如图 2.14 所示。图 2.14 给出了垂直(实线)和水平(虚线)的转子运动(底部)随相位角(顶部)的变化。

一般来说,不平衡响应分析可以提供更精确的转子临界转速,因为它包含了与转速相关的油膜力模型。然而,转子模型中通过模拟不平衡力计算得到的振动幅值,可能无法反映真实的质量不平衡量和转子系统内各平衡面上的相对相位角的位置,因此不平衡响应幅值还无法代表现役的转子装置。此外,应当注意的是,当转子响应达到共振转速时,油膜力就会变成非线性形式,而采用线性油膜力模型是不可能精确预测非线性响应的。

一般而言,行业标准是不允许横向振动的频率(或临界转速)在工作转速的 ±10% 范围以内的。如果计算频率出现在这个频率排除范围内时,通常还要计算 Q 因子(图 2.15),并评估设计的可接受条件。较低的 Q 因子代表更好的模态阻尼;而高于可接受的 Q 因子表示装置还需要在工厂和现场进行额外的平衡。

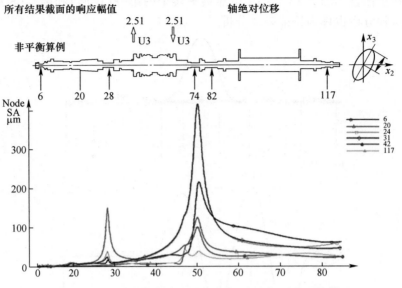

图 2.14 随相位变化的不平衡响应(由西门子公司提供)

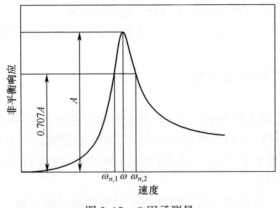

图 2.15 Q 因子测量

2.5.4 Q 因子评估

放大因子是转子峰值响应对应阻尼的间接测量值。

放大因子采用半功率带宽法进行计算,其中边带频率约为峰值响应幅值的 0.707,该理论是基于均方根(RMS)法的电信号测量。峰值幅值通过均方根幅值乘以 1.414 得到。Q 因子是峰值响应频率与边带频率(在峰值频率的两侧)的增量之比。

第 n 阶模态,无量纲的 Q 因子可计算如下(图 2.15):

$$Q_n = \frac{\omega_n}{\omega_{n,2} - \omega_{n,1}} \quad (2.6)$$

式中:ω_n 为峰值响应处测得的第 n 阶临界转速;$\omega_{n,1}$、$\omega_{n,2}$ 为第 n 阶临界转速半功率点处的转子转速(峰值响应值 0.707 处)。

关于 Q 因子评估的重要说明:

Q 因子是评估阻尼的一个指数,用于测量临界转速时转子峰值振幅的锐度。尽管计算是基于新型转子模型的,但是如前所述,以下条件可能会导致非线性特征。

(1) 当转子振幅足够大,且已经超过轴承间隙时,响应计算中采用的线性油膜系数不再有效。

(2) 转子加工、叶片装配和单排叶片质量变化引起的可变偏心率,以及模型中采用的油膜力不准确造成的质量不平衡评估值,无法反映转子真实的不平衡量及相关的相位角的位置。

(3) 模型中采用不准确的油膜力。

以上因素可能会导致估算的 Q 因子值出现误差,从而不能反映实际情况。在这种情况下最好是查阅类似或具有代表性转子系统的运行数据,以评估和证明设计的合理性。

2.5.5 转子稳定性计算

关于油膜轴承的转子动态稳定性将在第 4 章详细讨论。稳定性分析基本上提供了"油涡动/油振荡和蒸汽涡动(蒸汽诱导涡动)"引起的系统阻尼。采用复模态分析法计算次同步临界转速及与其相关的模态阻尼。

采用复模态分析计算转子特征值表示为

$$\pm \alpha \quad \pm j\omega \quad (2.7)$$

式中:实部 α 为转子模态的阻尼特性。$+\alpha$ 代表响应是单调增长的,此时转子是不稳定的;$-\alpha$ 代表响应衰减,且转子是稳定的。ω 与转子的频率有关。需要注意的是,对于同一个频率 ω,需要计算两个共轭频率模态,即 $+j\omega$ 和 $-j\omega$。

图 2.16 给出了转子系统的一种次同步模态的涡动图。

当计算的转子系统因油膜振荡而不稳定时,要采用更稳定的轴承类型以满足转子系统稳定性的需要,稳定轴承(如可倾瓦轴承等)可以消除油膜振荡。

与油膜振荡一样,蒸汽涡动(蒸汽涡动)也会引起转子不稳定。其中,在蒸汽入口处,穿过旋转密封段的蒸汽压力过大,可能会导致蒸汽诱导振动或蒸汽涡动。在第 4 章将会更详细的讨论。

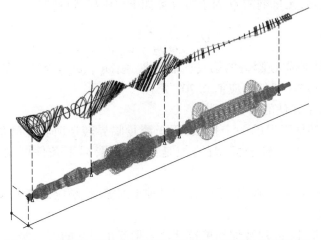

图 2.16　低压透平模态的转子涡动图(由西门子公司提供)

2.6　不同转子结构

转子通过透平中流体介质的膨胀产生机械能。通过设计一系列的冲击式或反动式的旋转叶片来产生机械功。在现代蒸汽透平中,一般高压透平采用冲击式叶片,而中压透平和低压透平则采用反动式叶片。

大部分的高压透平和低压透平转子采用整体结构或由单个锻件制成,而低压透平转子类型包括:整体式、套装式和焊接式。

2.6.1　整体式转子

图 2.17 为整体式转子示意图。它由带内孔或不带内孔的整体锻件加工而成,并借助超声波检测来探测和修复可能降低转子疲劳寿命的芯体杂质、气体缩孔和非金属夹杂物。单个锻件的制造周期相对较长。

2.6.2　套装式转子

图 2.18 为套装式转子示意图。每个叶盘都嵌套在轴上,叶盘在套装到转子上之前要经过精加工,但是每个叶盘锻件的制造周期比整体式转子锻件短。此外,如果同时有多个供货渠道,其制造周期就将大大缩短。

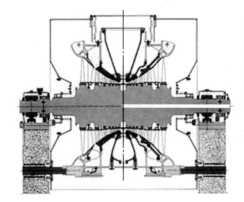

图 2.17　整体式转子示意图

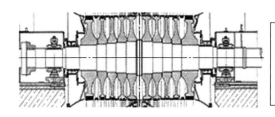

图 2.18　套装式转子示意图

2.6.3　焊接式转子

图 2.19 为焊接式转子(鼓筒式转子)示意图。每个独立的叶盘沿轴向对中并焊接在一起。这种类型的转子结构优点是末级叶片的设计无须与相关叶盘或轴的频率耦合。因此,焊接式转子结构为设计具有单独频率的叶片提供了更多的灵活性,同时不会干扰整个轴系频率及其谐波值。这种结构的主要工作是焊接叶盘,一旦焊接过程能够自动化,采购单个叶盘的时间大大缩短,相应的焊接叶盘式转子的交货时间也会大大缩短。

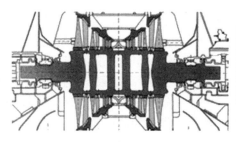

图 2.19　焊接式转子(鼓筒式转子)示意图(由西门子公司提供)

2.7 转子静力学分析

除了转子动力学计算,转子静力学计算也很重要。相比于其他需求,转子静力学计算主要集中在转子的强度和疲劳寿命分析上。下面简要列出这些计算。

(1) 考虑最大工作蒸汽/燃气压力、温度、叶片离心力和工作流体推力负荷的应力分析。

(2) 进行轴对中,以更好地控制轴承负荷和减少小倒角和凹槽处弯曲应力集中导致的高周疲劳(HCF)。

(3) 进行断裂力学计算,以评估转子对锻造过程中夹杂污染物和杂质所造成的转子表面损伤/缺陷等的可接受性。

(4) 抗应力腐蚀性对于转子在湿蒸汽环境下的运行至关重要。

(5) 对诱发低周疲劳的瞬态加载循环进行工作周期数分析,它们考虑了能够满足各种运行循环(如冷启动、暖启动、热启动、负荷变化循环等)的转子设计寿命。

在转子轴对称布局结构下,二维有限元转子模型可用于转子应力的精确计算。稳态运行工况下的边界条件和工作负荷如图 2.20 和图 2.21 所示。

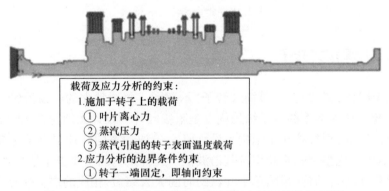

图 2.20　力和约束条件下的转子建模(由西门子公司提供)

将计算应力值与设计极限进行比较,以确定转子方案的可接受性。如果计算应力值超过设计极限,那么需要对转子盘进行重新设计。当稳态应力值可接受时,转子就可以在规定的设计寿命内运行。然而,瞬态运行工况下产生的转子应力值可能会超过转子材料的弹性极限,并损耗转子设计寿命。因此,有必要开展考虑工作负荷循环的瞬态分析以评估其对转子设计寿命的影响。对每次运行过程的损伤程度进行评估,并将其累加起来,以评估转子的剩余寿命。

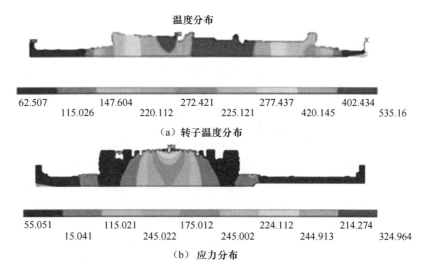

图 2.21　(见彩图)在力和热负荷联合作用下的转子温度分布和应力分布(由西门子公司提供)

2.8　扭转(扭曲)转子动力学

转子的另一种潜在的故障模态是"扭转"。分析转子系统的扭振频率对于评估其对转子运行周期内的工作频率和由此导致的扭转振动特性的影响至关重要。文献[9-15]介绍了转子的扭转建模,感兴趣的读者可以参阅,以便对相关的数学知识具有基本了解。深入探讨对叶轮机械产生不利影响的扭振,有助于人们更好地认识和改善它,以实现转子系统连续可靠运行。

2.8.1　集中质量模型

19 世纪 60 年代,大部分转子组件的质量是通过代表轴刚度的弹簧集中连接在一起的,比较有代表性的蒸汽透平电机组的集中质量模型如图 2.22 所示。

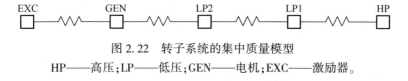

图 2.22　转子系统的集中质量模型
HP——高压;LP——低压;GEN——电机;EXC——激励器。

这个简单模型可以用来分析扭转转子系统频率。它们准确地提供了轴的基本频率值,可与采用先进的连续模型获得的频率值相一致。然而,长柔性叶片系统是扭转转子系统分析的关键,不能用简单的集中质量建模方法进行建模。因此,亟需发展包含大型低压透平叶片的先进透平电机系统连续模型(图2.23)。

图2.23 涡轮电机轴系连续模型(由西门子公司提供)

透平电机轴系由几个动态交互作用的转子组件构成,系统中任一转子组件惯性或刚度的改变都会影响其扭转固有频率和模态振型,因此在设计阶段必须考虑。

通常汽轮机组中的低压透平、电机和激励器转子的轴单元对扭转振动非常敏感。值得注意的是,低压透平的最后几排叶片(长柔性叶片)可能会与透平电机轴系发生作用,并使得系统扭转频率接近工作转速。在这种情况下,轴系的一个或多个固有频率可能会与电网故障中潜在的电频率发生共振,导致组件损坏。

需要注意这种叶片和转子盘频率耦合是扭转的典型情况,这种频率耦合不会影响转子系统的横向振动特性。

2.8.2 叶片和转子盘频率耦合

本节讨论叶片-盘相互作用以及它们通常是如何影响扭转频率的。图2.24所示为一个叶片-盘系统的例子。

图2.24所示的例子,叶片-盘装配体的频率可分为123Hz和147Hz。在装配前,单个转子盘和叶片的频率分别为142Hz和132Hz。叶片单独频率由装配前的132Hz下降到123Hz,转子盘单独频率则由142Hz增加至装配后的147Hz。需要注意的是,123Hz的较低叶片频率接近于60Hz机器的2倍电源频率,会受到电网故障的激励。图2.25给出了叶片频率随转子转速的变化。

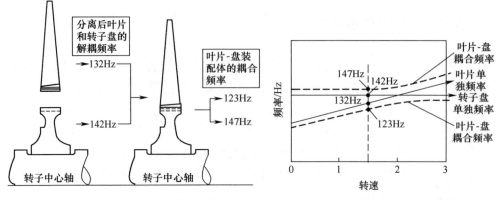

图2.24 叶片和转子盘频率耦合引起的扭转
(由西门子公司提供)

图2.25 耦合的叶片-盘频率

2.8.3 叶片-盘的三维有限元模型

图 2.26 为采用三维有限元方法建模的末排叶片及其转子盘的例子。一排叶片固定在轮缘上。对于套装转子盘结构,盘下端的节点与其下面的轴相连。在工作过程中,这排叶片像"雨伞"一样步调一致地转动,故而命名为伞形模态或零节径模态。采用通用软件对叶片进行三维块单元建模。除了扭转和切向自由度,整个叶片排模型的其他所有自由度均固定。

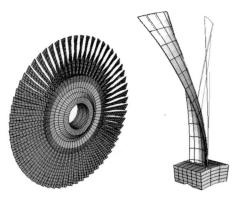

图 2.26　叶片-盘/伞形模态的零节径模态(由西门子公司提供)

转子叶片包含零节径、一节径、二节径及更高的节径。叶片的伞形模态(图 2.27)或零节径模态是叶片排中心处的节点在进行类似于雨伞开合式的正反向转动时所呈现出的最基本模态。基本上,叶片排和盘在零节径模态下保持协调一致的转动。由于这种零节径模态主要是静态的,它可以和转子的刚体模态进行比较。在这两种情况下,刚体模态几乎不显示动力学运动。

节径模态绕着节圆直径移动。假定叶片排为一圆形振动膜片,该圆形膜片会产生多种不同节径和同心节点的组合。当膜片的其他部分处于运动状态时,节圆或节径点保持静止。

表 2.1 给出了节圆直径频率的示例。可以看到,它们随着工作频率的不同而变化。这些频率变化可以通过生成坎贝尔图以显示它们是如何与转子不同的工作转速相互作用的,以及它们是如何根据不同的叶片谐波频率实现自我定位的。坎贝尔图整合了对应转子频率的所有节圆直径数据,可以由叶片设计者根据需要来调整叶片频率。

因此,一节径模态将节圆直径均匀分割为移动方向相反的两部分。类似地,二节径模态则将两个节圆直径平面分割为彼此移动方向相反的四部分,如图 2.27 所示。

表2.1 随转子转速变化的零节径频率示例

次 序	叶片-盘的零节径频率/Hz	
	600(r/min)	1800(r/min)
1	70	80
2	140	150
3	200	220
4	270	280

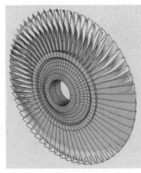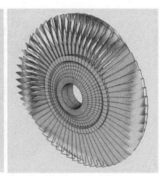

图2.27 (见彩图)叶片伞形模态(由西门子公司提供)

2.8.4　叶片-盘耦合对横向振动动力学特性的影响

叶片-盘耦合对横向振动动力学特性的影响主要表现为以下几方面：

(1) 叶片-盘动力学耦合仅影响扭转特性。

(2) 叶片-盘耦合对弯曲或横向振动参数无影响,除非在任一频率下存在扭转和弯曲的强耦合。

(3) 当其中一个耦合频率接近单线(50Hz或60Hz)和双线(100Hz或120Hz)电网频率时,模态变为受迫共振。在这种情况下,叶片的高磨损会导致其在连续运行过程中出现疲劳失效。图2.28为采用有限元方法建模的单排转子盘。

图2.29给出了叶片-盘系统的坎贝尔图,主要描述叶片频率与转子转速的相互作用。一排叶片可以根据叶片数激发出多种叶片谐波。在设计叶片系统时,重点关注的频率远离谐波频率,通常远离能量最大的低频谐波。通过修改叶片的基元级叶型截面和/或叶尖、轮缘面,可以调谐其任一工作频率下的谐波。

图 2.28　叶片-盘有限元模型的部分示意图(由西门子公司提供)

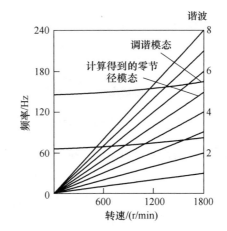

图 2.29　叶片-盘系统的坎贝尔图

2.8.5　转子扭转模态

在转子轴的建模中准确评估轴的刚度和惯量至关重要。轴的惯量可以通过截面的物理尺寸直接计算得到；但是当轴截面的直径突变为大直径圆盘时，轴的刚度就不能直接计算得到。这种情况同样适用于横向刚度建模。

可以采用等物理直径来估算均匀直径轴惯量和刚度。然而，在蒸汽、燃气和电机组中转子实体的直径是不均匀的。早期确定转子的刚度直径时采用经验角度准则的方法(基于有限经验)。图 2.30 为转子系统采用角度规则的例子。这种方法的缺点是一种角度准则不适用于其他不同的转子结构类型。因此,对于变几何转子结构,有必要采用一致的方法来估算其转子刚度直径。应变能原理法就是这种估算刚度直径的方法之一,它也被证明可以为具有不同几何形状的转子-盘结构提供准确一致的刚度直径计算结果。

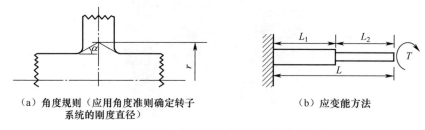

(a) 角度规则(应用角度准则确定转子系统的刚度直径)　　(b) 应变能方法

图 2.30　定义刚度直径的角度规则

图 2.31 为基于有限元建模的转子-盘的示例。在转子的一端施加一个固定扭矩,就可以得到相应的应变能图。基于图 2.31 所示的应变能,采用 4 次方根直径关系,进而得到不同转子段的对应刚度直径。

图 2.31　计算刚度直径的应变能方法(由西门子公司提供)

对于扭转,释放轴向自由度(X 轴),约束其 Y 轴和 Z 轴。通过握住或固定转子的一端,并在另一端施加扭矩。将所选转子段的所有单元应变能相加,该转子段的刚度直径就可以采用 4 次方根方程估算。转子扭转建模的顺序如图 2.32 所示。

注意,横向和扭转有效刚度直径是不同的,不能互换使用。

基于单元应变能计算扭转刚度直径的推导过程为

$$\begin{cases} U = \dfrac{T\phi}{2}, \phi = \dfrac{TL}{GJ} \\ U = \dfrac{T^2 L}{2GJ} \end{cases} \tag{2.8}$$

式中:U 为应变能;T 为外力矩;L 为轴或节段长度;G 为剪切模量;J 为惯性极矩。

扭转刚度直径表达如下:

$$D_e = \sqrt[4]{\dfrac{16T^2 L}{\pi GU}} \tag{2.9}$$

式(2.9)中轴内径设定为 0,刚度直径的推导仅适用于圆形转子。

（a）转子建模采用应变能有限元方法

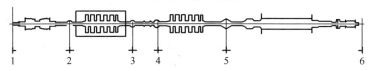

（b）计算转子截面的刚度直径

（c）将转子系统刚度和转动惯量输入转子系统模型

图 2.32 （见彩图）低压透平转子的扭转刚度直径（由西门子公司提供）

2.8.6 转子的三维扭转建模

针对转子扭转系统建立三维有限元网格。为降低建模复杂性，圆形转子截面可以模化为二维圆形梁截面，叶片基于其非轴对称性特征而采用三维建模。将低压转子和低压叶片模型合并在一起，将高压转子与电机转子和低压转子进一步组合得到图 2.33 所示的转子系统模型。在边界条件设置上，释放其轴向自由度，但在 Y 轴和 Z 轴方向上约束其横向自由度。

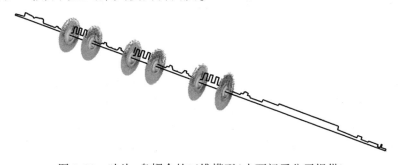

图 2.33 叶片-盘耦合的三维模型（由西门子公司提供）

2.8.7 模态分析

当转子系统建模完成后（图 2.33），其扭转频率和模态振型可以借助有限元软件通过模态分析得到。其中一些扭转低频模态(低于电网频率,即50Hz或60Hz)及其相关的模态振型如图2.34所示,而转子系统的高频模态(高于电网频率)如图2.35所示。

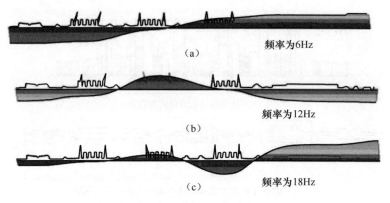

图2.34 (见彩图)低频模态下的转子系统频率(由西门子公司提供)

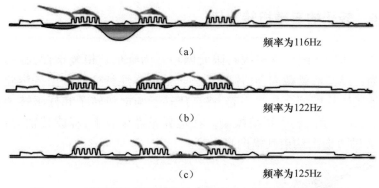

图2.35 (见彩图)转子系统的高频模态(由西门子公司提供)

当系统模态无扭转运动时,模态振型图显示为一条平坦的水平线,如图2.36所示。在这种情况下,外部激励无法通过电机将扭矩传递到转子系统的其他部分,因此轴系是不可激励的。一般来说,特殊的末排叶片伞形模态和联轴器的轴(也称为杰克轴)模态含有的能量都很少,很难被外部诱导扭矩所激发。

在蒸汽透平轴系中最易激振的组件是低压转子、电机转子和激励器转子。如图2.37所示,由于高压转子的叶片相对刚性更强,且不像低压转子那样具有更长的叶片,其在电网激励频率附近通常不具有高能模态。因此,高压转子不是扭转问题关注的焦点。然而,在某些设计中高压转子和中压转子之间的柔性联轴器部分可能会引起扭转问题。因此,需要对整个轴系进行扭转分析,以确定转子频率。

不易激励的模态：
(1) 接近 60Hz 和 120Hz 的临界模态,如(a);
(2) 并非临界范围内的所有模态都对激励有响应,如(b);
(3) 极少或无电机参与的低压叶片伞形模态和杰克轴模态大多情况是无响应的。

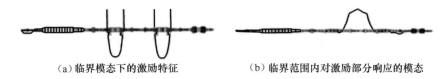

(a) 临界模态下的激励特征　　　　(b) 临界范围内对激励部分响应的模态

图 2.36　不可激励模态

参与扭转的转子组件：
(1) 参与扭转的组件:通常低压转子,电机和励磁器参与临界模态。
(2) 不参与扭转的组件:高压转子不参与临界扭转频率范围。高压转子变化只影响其自身模态但转子系统的其他部件频率则保持不变。

在图 2.37 所示的例子中,与原型高压转子相比,更换后的新的(更重)高压转子的频率有所降低(因为在相同的刚度下,较大的惯性会减小频率,即 k/m 效应)。然而,原型高压转子和新的高压转子模态在 16.4Hz 和 15Hz 频率附近均不易被单线频或双线频的电网频率所激发。下一步是评估与单线和双线电网频率相关的频率结果。根据计算频率相对于工作频率的位置,可能还需进行额外的分析,以验证轴系频率结果的可接受性以及是否能够满足机组连续运行的需要。ISO 22266-1 标准[15]提供了如表 2.2 所示的频率规避区,作为设计指南。

(a) 低压转子、发电机和励磁器等参与扭转且模态易被激励

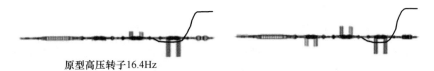

原型高压转子16.4Hz
(b) 高压转子不参与扭转且模态不易被激励　　　　(c) 新的高压转子15Hz

图 2.37　低压转子、电机转子和激励器转子模态易被激励,高压转子模态不易被激励

表 2.2 扭转频率规避区

电网频率/Hz	单线,规避区/Hz	双线,规避区/Hz
50	47.0~53.0	94.0~106.0
60	56.4~63.6	112.8~127.2

频率规避区包括考虑计算不确定性的裕度和限制响应性的必要间隔。应该注意的是,只有电机气隙扭矩产生的能量所激发的扭转固有频率才符合频率规避区准则。在频率规避区内可能还会存在一些非激发模态,对于这些模态,需要进行更详细的应力响应计算以消除扭转问题。

在对转子系统进行详细附加分析之前,重要的是确定可能影响透平-电机-激励器系统的外部扭转激励源。这是因为外部激励扭矩会引起电机定子绕组中电流的变化,进而导致通过磁链连接到电机转子上的阻力扭矩也发生改变。

这些激励源可以大致分为两类,分别是稳态激励和瞬态激励。

2.8.8 稳态激励

根据 ISO 22266-1 标准的要求,如果系统在表 2.2 所示的主频率规避区(PFEZ)中存在响应模态,就需要进行稳态激励分析。定义激励扭矩的要求包括 IEEE 标准 C50.13—2005、应用于额定 10MV·A 及以上圆柱转子的 50Hz 和 60Hz 同步电机的 IEEE 标准以及由表 2.2 所呈现的短周期逆序电流能力等[16]。上述条款规定,转子系统应能够承受与逆相序电流相对应的连续电流不平衡,前提是不超过额定 kV·A,且任何相位的最大电流不超过额定电流的 105%。

稳态激励(图 2.38)在 2 倍电网线路频率附近产生扭矩变化,通常称为线路不平衡。线路不平衡(逆序电流)电流在电机转子上诱发气隙扭矩,并在 2 倍电网频率(美国为 120Hz,欧洲、澳大利亚及亚洲大部分地区为 100Hz)附近激励轴系。此外,扭矩的大小是由三相系统在任意时刻的不平衡电流量决定的,电机转子上产生的扰动将扭矩传递到整个轴系。

如果模态位于频率规避区内,就必须计算相位不平衡引起的稳态应力,以评估所有关键区域,如叶片和小直径轴位置等。一种保守方法是,在应力计算中假设主频率规避区内的计算频率与电网频率发生共振。将由此产生的应力与允许值进行比较,如果轴系应力在可接受的范围内,就无须进一步分析。产生稳态扭矩的逆序电流可以持续几分之一秒到数秒,其强度有时也可以从 1% 到达 100%。

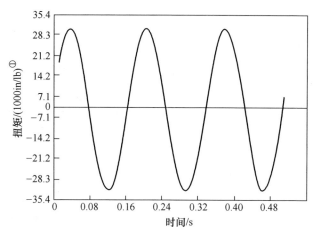

图 2.38　稳态应力特性
注：1in＝2.54cm，1lb＝0.45kg。

2.8.9　正序电流和逆序电流

线路不平衡是正序电流和逆序电流引起的。

正序：如图2.39所示，两个磁场（转子和定子）以相同的方向和频率转动。当三定子相电流平衡时，定子内的旋转磁通方向与转子旋转方向相同。当定子的相电流不存在不平衡时，转子和定子之间的磁相互作用会产生稳定的扭矩，而不会产生扭转振荡。

逆序：两个磁场的旋转方向相反。这种情况发生在定子相电流不平衡时，如图2.40所示。

逆序电流在每次旋转过程中都会经历两次扭矩脉动，因此其引起的扭矩振荡频率为电频率的2倍。当三定子相电流不平衡时，由此形成的逆序电流会产生电扭矩振荡。

当在规避区域和/或不满足稳态应力准则的工况进行频率计算时，需要调谐轴系频率，使其远离单线和/或双线频率。频率调谐有两种方法：一是在扭转速率高的区域增加或减少刚度；二是在振幅高的区域增加或减少惯性。此外两种调谐方法都需要通过现场的扭转实验予以验证，以确保调谐频率在关注区域之外。

频率调谐选项包括在联轴器位置安装惯性环以降低频率，消除轴位置的惯性以改变刚度。在决定频率调谐之前，需要进行计算和检查所关注的扭转模态振型，以确定可以有效调整惯性或刚度的位置。此外，扭转调谐器也可用于降低振幅。

---

① 注：1in＝2.54cm，1lb＝0.45kg

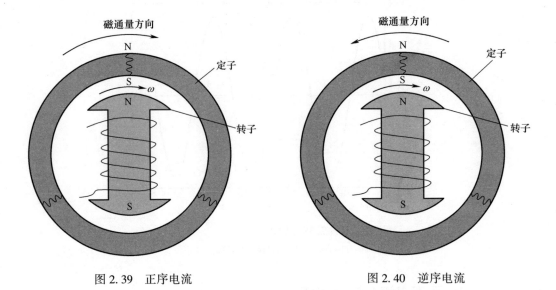

图 2.39　正序电流　　　　　　　图 2.40　逆序电流

2.8.10　瞬态激励

非平衡瞬态电网事件[短路(SC)等]在单线和双线频率下(如 60Hz 系统下的 60Hz 和 120Hz,50Hz 系统下的 50Hz 和 100Hz)会导致瞬态力矩,因此优先在单线和双线激励频率下避免转子系统发生频率共振。虽然瞬态力矩最终会逐渐消失,并降低对转子系统的能量输入,但是转子系统一开始的振荡转矩幅值可能比稳态事件诱发的振荡转矩振幅大得多。反复发生的高振幅短路事件会造成轴系的累积损伤,且会缩短转子系统的使用寿命。目前已知的在瞬态短路事件中,非共振响应的衰减会更慢,因此必须使频率规避范围更大,以确保相应的效果。

瞬态激励可以有多种类型。蒸汽透平电机组的轴系设计中应考虑的严重瞬态激励是电机端子处的"线对线短路"。这种瞬态过程主要在单线和双线频率下同时产生扭矩值的阶跃变化,并随时间衰减。图 2.41 为短路的例子。在电机端子处发生的短路事件通常是很少见的。

图 2.42 为某电厂发生的一例短路事故,同时记录了 2s 以上的短路归一化振幅。在短路事件发生后,振幅逐渐稳定衰减。频率响应信号如图 2.43 所示。单线频率(60Hz)和双线频率(120Hz)均具有主导振幅。图 2.44 给出了对称性流动机械两端的叶片应力振幅。可以看到,应力幅值会在短时间内即可衰减。例如,在短路事件后,应力在 1s 内衰减了 50%。

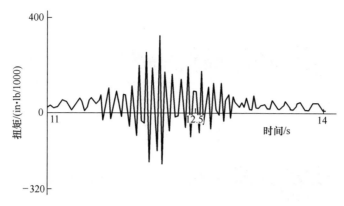

图2.41 短路(两相和三相)——在50Hz或60Hz以及100Hz或120Hz模态下同时激励

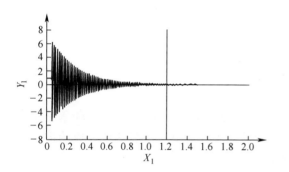

图2.42 短路故障-幅值对时间

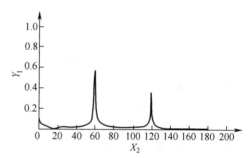

图2.43 短路故障—频率响应谱

在设计转子系统时,重要的是在单线和双线频率附近的扭转模态应该具有较低的振动应力。在线对线短路的瞬态过程中,由于气隙扭矩的阶跃变化,轴系中会产生相当大的扭矩。这种阶跃变化将显著地激发系统的最低阶模态。因此,在进行瞬态响应计算时识别和考虑包含最低频率值的频率范围非常重要。轴系设计应考虑强度,以避免线对线短路事件造成的损坏。

对于蒸汽透平轴系、连接螺栓、收缩联轴器、连接键和低压级叶片,重要的是评估线对线短路事件引起的剪切应力,并将其与特定材料和环境条件下的许用应力进行比较。

总应力为瞬态应力和稳态应力(叶片的离心力应力、非扭应力和叶片受到的蒸汽弯曲应力)之和。一般来说,总的允许剪切应力应该限制在一个可接受的百分比或材料屈服的最大值。

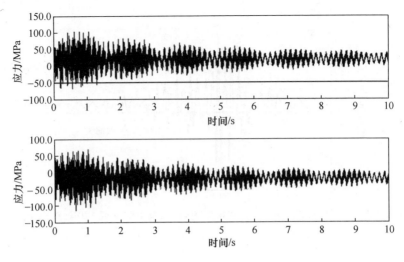

图 2.44 短路故障引起的叶片应力响应图

2.8.11 寿命损失计算

如果名义剪切应力超过可接受的极限,就必须进行寿命损失计算。寿命损失的计算是通过添加机组寿命期间发生或可能发生的各种电气故障事件造成的损伤来完成的,并为转子系统提供剩余疲劳寿命余量。

图 2.45 说明了计算出的钢质部件(转子或叶片)的线弹性应力-应变。钢构件的实际材料弹塑性应力-应变行为也如图 2.45 所示。Neuber 假设弹性材料线下的

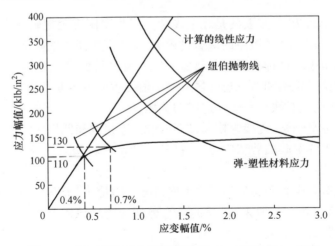

图 2.45 用于损伤评估的诺伯图(Neuber)弹性应力-应变

应变能面积(1/2 $S\varepsilon$)可以用抛物线形式与线性应力和应变相关。当抛物线与弹塑性材料曲线相交的时候,计算出真实应力和应变。当抛物线与弹塑性材料曲线相交时,相应的组件应力和应变提供"真实应力/真实应变"。对于图 2.45 所示的各种部件损坏情况,很少有实例(抛物线)产生。如图 2.46 所示,在真实应力抛物线与弹塑性材料线相交的任何地方,都使用相应的应变幅值来估计组件的寿命。

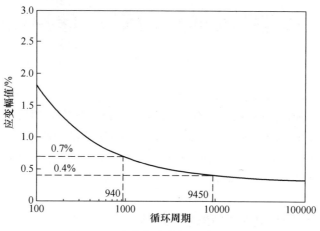

图 2.46 寿命与应变振幅曲线示例

2.8.12 异相同步

发电厂出现的另一种瞬态激励是异相同步(OPS)。当断路器合闸时,电机与电网电压之间总是存在一定的相位失配,这就会导致异相同步。一般来说,小于 30°的小相位失配是可以容忍的。然而,较大的相位失配会产生过大的转矩,这相当于或超过线对线短路的数值。异相同步仅激发线路频率(50Hz 或 60 Hz 模态)。例如,发电厂附近串联电容补偿传输引起的线路转换和共振,激发次同步模态。

2.8.13 次同步激励

具有潜在的破坏性瞬态称为"次同步"激励。它们被评估为次同步共振(SSR)网络研究的一部分。由于实际的次同步频率可能会随着开发和使用的网络配置中编程的频率而变化,发电厂管理人员经常进行次同步共振研究。使用变化

注:1lb = 0.45kg, 1lin^2 = 6.45×10^{-4}m^2

的网络工作频率来调整旋转硬件的频率是不可能的。因此,电力公司(发电厂的所有者)设计他们自己的网络系统,该网络系统与用于保护的硬件频率同步。为此,机组所有者要求设计人员提供涡轮发动机扭转设计数据,以配合网络系统设计。通常,低于线频率的轴系数据是用图 2.47 所示的简化扭转弹簧-质量模型计算的。

```
EXC —— GEN —— LP2 —— LP1 —— IP —— HP
```

图 2.47 轴系统的集中质量模型

扭转系统设计/分析的目标有以下几项。
(1) 根据国际标准化组织(ISO)指南避免接近线频率和两线频率。
(2) 根据稳态线路不平衡和线路之间的短路扭矩设计转子轴的强度。
(3) 调节转子系统频率使其充分远离线路频率,必要时可调至两倍线路频率。
(4) 扭转测试有助于验证预测的扭转频率及模型。

2.8.14 电网事件对轴扭矩的影响

在正常稳态运行期间,汽轮机产生的机械能或转矩在电机气隙中转化为电磁转矩,电磁转矩再转化为电能并传输到电网。将电机气隙转矩定义为旋转磁场绕组中的电流与静电枢绕组中的电流之间的电磁反应,稳态运行期间气隙转矩恒定。

然而,输电线路短路、线路开关事件和/或其他扰动会对电机电枢电流产生瞬态冲击。因此,电机的气隙转矩也不相同。下面讨论这些瞬时事件如何影响轴系的机械扭矩条件。

在任何瞬时电网事件期间,稳态转矩和电力条件都会受到干扰。电网中的短路和其他干扰会诱电机(静止)电枢绕组中的瞬态电流,与(旋转)磁场绕组产生瞬态电机气隙转矩,这是透平电机轴系产生扭转振动的原因。这些瞬态转矩通常会在两个方向上产生瞬时阶跃变化,频率为电频率的 1 倍或 2 倍。

当感应电机电枢电流较大时,发生在电机端子的电网短路和相关扰动会产生较大的气隙转矩瞬变。

类似地,在专用的电机终端短路情况下,感应电机电枢电流变得非常大,并在轴系中传递较大的机械力矩。

(1) 瞬态扰动引起的扭矩导致轴上的应力达到屈服应力水平,导致疲劳损坏。
(2) 瞬态振荡频率更接近一个或多个轴系频率,从而达到共振状态。
(3) 干扰共振扭矩(如果轴频率接近激励频率)会产生高应力并增加轴的疲劳损伤。

（4）轴系稳态扭矩的阶跃变化可能会因高周疲劳(HCF)损坏叶片、挡环、励磁轴和小直径轴颈。

（5）瞬态扭矩能够通过低周疲劳(LCF)损伤叶片、联轴器螺栓和轴。

（6）这两种机制都能降低轴系的疲劳寿命。

2.9 扭振频率和模态的测试

可以在工厂对单个转子进行扭力轴测试，有定频和旋转两种测试方法。

2.9.1 定频测试

静态测试的价值有限(可能有助于验证叶片或挡圈的固有频率)，并且仅验证未耦合状态下的测试转子。当转子耦合时，转子系统变得灵活，并创建一个新的系统。因此，单一组件测实验证可能不相关。这种测试已经过时。

通过冲击锤在一个点施加机械扭矩，并在其他点测量产生的响应，可以验证转子在静止状态下的扭转频率。根据转子中的响应点可以画出转子线框模型，如图2.48所示。测量由冲击锤施加的扭矩产生的响应。使用模态分析软件，在模拟模态和频率的模型中的适当节点处进行测量。这将有助于验证非耦合状态下单个转子的理论模型，并有助于校准轴系中的转子模型。通常，低压转子和电机转子可在工厂进行测试，可以验证转子模态。然而，最重要的叶片-盘耦合频率随转速的变化无法通过静态实验进行验证。

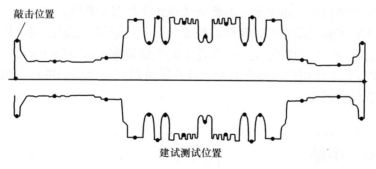

图 2.48 静止状态下的转子(无叶片)工厂测试

图2.48为在工厂用冲击锤测试的低压转子配置示例。测得的第一个低压转子扭转模态和相应的频率如图2.49所示。

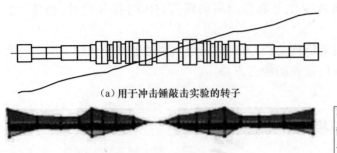

(a) 用于冲击锤敲击实验的转子

(b) 冲击锤敲击实验得到的测试频率为96.7Hz

(c) 冲击锤敲击实验中转子模态

冲击锤敲击实验
静止状态下的转子敲击实验验证了建模方法(单一组件测试)

图2.49 （见彩图）低压转子扭转模态和相应的频率

2.9.2 旋转测试

动态测试或旋转组件测试可以改进建模。这些属于工厂测试,用来验证运行速度下的转子-叶片耦合频率。然而,当单个转子连接成一列时,系统频率会产生工厂测试中未测量到的额外模态/频率。机组中转子的这种旋转测试结果可用于校准整个转子轴模型。

现场测试对于识别和确认运行速度下的实际系统扭转频率最为有用,它们有助于理解单个频率的模态行为,并使它们的失谐充分远离线路频率和两倍线路频率。现场扭转测试更适用于私人的服务或现代化的转子系统。

现场扭转实验可以根据计算出的振型,在最有效的轴位置使用灵敏的测量装置,如应变仪。此外,扭转运动可以在盘车装置位置或安装在轴上的齿轮(测量齿间经过的时间)上使用磁传感器测量。该测试可以在加速期间进行。测量的频率可以与计算值进行比较。

2.10 小结

本章讨论了以下主题:
(1) 先进的三维横向振动和转子扭转振动动态建模。
(2) 转子频率和响应评估。

（3）质量不平衡激励和 Q 因子评估。
（4）电网激励对轴扭转振动的施加的受迫力。
（5）转子应力和疲劳评估。
（6）轴模型的工厂和现场扭转测试。

参考文献

[1] Lund J W. (1965) Rotor bearings dynamics design technology, Part V: computer program manual for rotor response and stability. Mechanical Technology Inc. , Latham, NY, AFAPL-Tr-65-45.
[2] Rao J S. (1983) Rotor dynamics. Wiley.
[3] Nelson H D, McVaugh J N. (1976) The dynamics of rotor-bearing systems using finite elements. J Eng Ind Trans ASME 98(2).
[4] Subbiah R, Kumar A S, Sankar T S. (1988) Transient dynamic analysis of rotors using the combined methodologies of finite elements and transfer matrix. J Appl Mech Trans ASME 448-452.
[5] Ratan S, Rodriguez J. (1989) Transient dynamic analysis of rotors using successive merging and condensation (SMAC) techniques. J Vib Acoust 482-488.
[6] Subbiah R, Rieger N F. (1988) On the transient analysis of rotor-bearing systems. ASME J Vib Acoust Stress Realiab Des 110/515:515-520.
[7] Den Hartog J P. (1956) Mechanical vibration. McGraw Hill, New York, p 301.
[8] Dimarogonas A D, Haddad S. (1992) Vibration for engineers. Prentice Hall.
[9] Thomson W. (1988) Theory of vibration with applications. Prentice Hall.
[10] Subbiah R, Moreci J. (1995) Turbine rotor torsional dynamics: analysis, verification and standardization. Power-Gen Asia Conference, Singapore.
[11] La Rosa J A, Kung G C, Rosard D D. (1980) Analysis of turbine blade vibrations induced by electrical-mechanical interactions. In: ASME joint power generation conference.
[12] Ramey D G, Kung G C. (1978) Important parameters in considering transient torques on turbine-generator shaft systems. In: IEEE/ASME/ASCE state-of-the-art symposium turbine-generator shaft torsionals, pp 25-31.
[13] Walker D N. (2003) Torsional vibration of turbomachinery. McGraw-Hill.
[14] Huster J, Eckert L, Prohle F. (1999) Calculation and measurement of torsionals in large steam turbosets. Machine, Plant & Systems Monitor, March/April 1999, pp 22-27.
[15] Torsional Vibration Standrad, ISO 22266-1,2009.
[16] ANSI C50. 13-1989, Rotating electrical machinery-Cylindrical-rotor synchronous generators (Note: this standard has been withdrawn).
[17] Detuner for tuning torsional mode of a rotating body, US Patent 8013481 B2.

第3章
转子与结构的相互作用

3.1 引言

前两章讨论了转子和轴承支承结构(称为支座)可以近似为两个串联的线性弹簧模型,使用经典的滚动轴承转子。讨论的核心要点如下:

(1) 利用轴和轴承支座的等效刚度计算转子临界频率和相应的模态。

(2) 转子刚度主要影响第一阶弯曲频率(U形模态),而支座刚度对形成转子的二阶弯曲频率(S形模态)有显著影响。

(3) 上述结论在真实的透平中进行了测试,并且通过100多次测试得到了验证。

(4) 本章对于工程师和科研人员开展复杂的支承系统研究具有非常重要的作用。

(5) 收集运行参数和结构参数的数量,并分析它们是否会导致轴承支承座在使用过程中的退化。

(6) 这个新主题是十多年来对钢质基座支承的研究成果,并在本书中专门介绍。

3.2 概述

本章重点阐述实际机组运行期间支座结构刚度退化的研究结果及其对转子临界频率的影响。支座刚度退化会使原始转子频率向工作频率偏移,并可能导致灾难性的损坏。深入研究这一课题,重要的是了解各种转子模态振型,即图3.1中反向流动低压转子所示的U形模态、S形模态和W形模态。

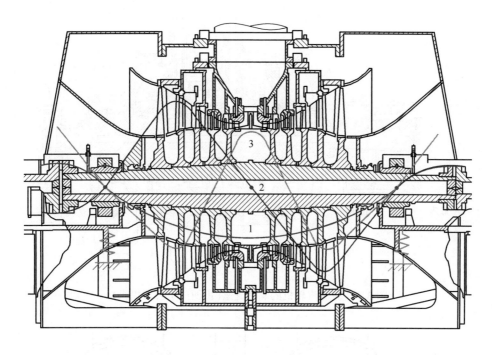

图 3.1 （见彩图）转子的主要模态
1—第一转子模态（U）；2—第二转子模态（S）；3—第三转子模态（W）。

3.3 轴承支座刚度对转子临界频率的影响

本节讨论一些现实生活中的例子，表明轴承支座结构退化导致转子 S 形模态临界转速降低。应用于某类汽轮机的钢支座设计（主要是在 30Hz 的半速机器中应用的设计）分为刚性支座和柔性支座两大类。

3.3.1 刚性支座

刚性支承条件是指透平支座通过几个实心钢块直接安装在混凝土支柱上。图 3.2～图 3.4 分别是应用于高压、中压和低压汽轮机的刚性轴承支座的示例。图 3.5 显示了类似的燃气轮机轴承支座结构。刚性轴承支座设计也常见于小型透平部件。

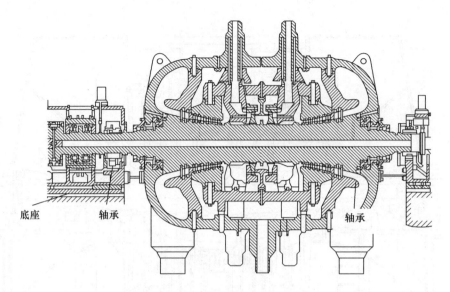

图 3.2 高压汽轮机的刚性支座(由西门子公司提供)

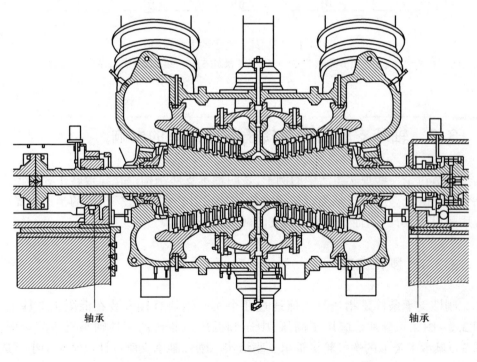

图 3.3 中压汽轮机的刚性支座(由西门子公司提供)

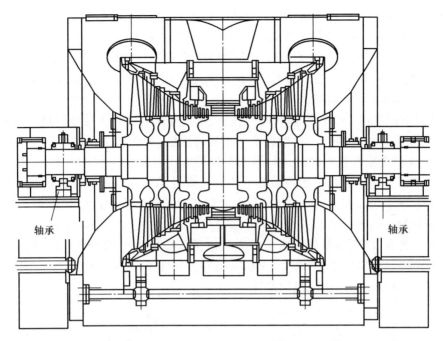

图 3.4 低压汽轮机的刚性支座(由西门子公司提供)

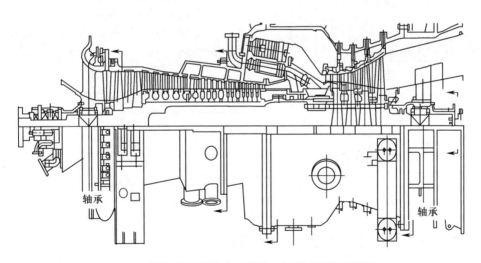

图 3.5 燃气轮机轴承支座结构(由西门子公司提供)

3.3.2 柔性轴承支座

与 3.3.1 节中讨论的刚性支座相比,柔性轴承支座系统由连接轴承内圈和外壳底板的多组钢支柱与管道组成。这种柔性连接件使得支座的刚性降低。图3.6对比了刚性支座(A型)和柔性支座(B型)的结构差异。

A型支座系统:轴承内圈通过实心钢块直接安装在混凝土基础或支柱上,轴承内圈和基板之间没有柔性连接件,因此认为它们是刚性的。对于A型支座,没有观察到支座刚度下降的报告。

B型支座系统:在轴承内圈和外壳底板之间焊接有柔性支柱或管道。此外,轴承内圈悬挂在混凝土柱上,这增加了支座的灵活性,主要是在垂直方向上。由于其灵活性,B型支座在长时间的运行周期中容易出现刚度逐渐下降的情况。因此,降低支座刚度会使S形转子的频率低于其最初设计的频率。应该注意的是,这些老式钢支座建于30~50年前,在其使用寿命期间只进行了有限的结构检查。柔性支座系统的细节如图3.7所示。

除非另有说明,本章仅讨论B型支座退化效应或类似的柔性支座设计。B型低压汽轮机的运行速度为1800/1500r/min(30/25Hz)。另一个柔性支座系统的例子如图3.8所示,它用于电机的设计。

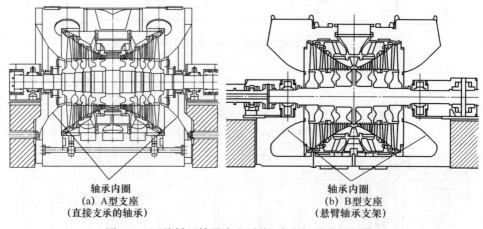

(a) A型支座
(直接支承的轴承)

(b) B型支座
(悬臂轴承支架)

图3.6 两种低压轴承支座系统(由西门子公司提供)

3.3.3 柔性轴承支座退化的背景

与图3.7所示的具有柔性支座的机组上发生的高振动事件,进而引起对轴支座退化的研究[1-2]。在此过程中,低压转子第二临界转速逐渐下降至运行转速。详细的分析研究与转子第二临界速度相关的支座动态刚度下降有很好的相关性。事件的摘要如下:

(1) 第二转子频率(也称为锥形或S形)从退化(刚度降低)的轴承支承支座

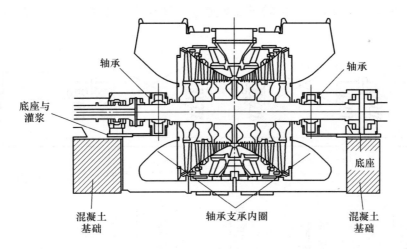

图 3.7 支承低压汽轮机的柔性支座系统(由西门子公司提供)

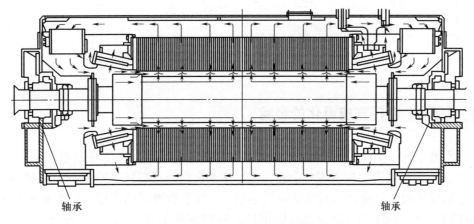

图 3.8 电机转子支承系统

的最初设计值下降。对于标称座设计条件,转子频率远高于110%的运行速度(OS)过速限值。

(2) 退化轴承支座S形转子频率对应的动刚度低于原设计。

(3) 测得轴绝对振动高于ISO 20816 C/D限值;但是从绝对振动数据看,不能明确振动是由结构还是由转子主导的。假设转子对不平衡力有反应,可以通过机组平衡以减少轴承支座上的动态力。

(4) 平衡偏移后的几个月内,S形转子模态频率进一步降低,直到与运行速度共振。这起事件对机组造成了严重的结构性损坏。

（5）图3.9总结了当S形转子临界速度下降到运行速度时,支承结构退化的过程。

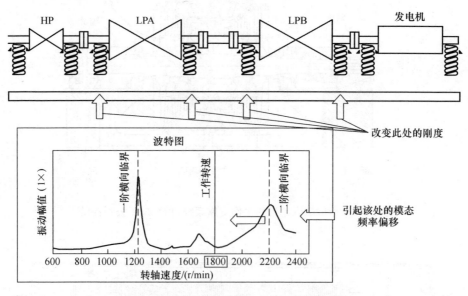

图3.9 支座刚度降低导致的S形模态频率偏移

3.3.4 电厂支座退化的经验

作者参与了100多次B型支承结构和一些电机轴承支座的振动台实验[1-2]。大约20%的测试汽轮机支座"退化",这意味着它们的第二转子临界速度下降到低于它们最初的设计速度(110%的运行速度)。对于所测试的支座,目测、磁粉检验（MT）和染色渗透（PT）检验没有提供任何物理损伤的迹象,否则应符合"支座退化"的定义。此外,更具侵入性的超声波（UT）检查技术可能有助于识别微观损伤。但是由于高昂的检查费用和长时间的大修计划,它没有得到应用。由于通过有限的检查没有发现明显的结构损伤,材料专家推测,支柱焊接接头处的微裂纹可能导致支座刚度和相关的第二转子临界速度逐渐下降。

激励器实验结果证明,每当S形转子的频率从原始设计下降时,相关的支座刚度也会降低。在某些情况下,支座被加固以增加转子的第二临界速度,使其大大高于工作速度。加固后的振动筛实验证实了第二转子临界速度和支座动态刚度上升。在许多情况下,更接近或更好地达到了其原始设计状态。

注:1×即为1倍或1阶,rpm 即为 r/min。

虽然上面引用的例子与应用在核应用中的蒸汽透平产品直接相关,但是任何类似构造的柔性支承系统都可能发生结构退化/损坏,包括交叉复合化石机器,其中一些低压透平轴承支座是柔性的。据作者所知,全球有超过1200个[3]这种灵活的支座配置在运行。

对于读者来说,理解透平结构的两种主要转子模态背后的物理原理以及它们在支座退化过程中的作用是很重要的。为简单起见,在讨论中只考虑转子和支座,暂时忽略油膜效应。

3.4 U形转子模态

图 3.10 示出了 U 形旋翼模态的旋翼和支座特性。在 U 形转子模态下,转子轴弯曲成"U"形,两端的支座支承弹簧被压缩。在 U 形转子模态振型中,弯曲转子在两个支座端的相位角相同。在这种配置中,与表现为硬弹簧[4-5]的轴承支座相比,转子轴是柔性的。因此,决定 U 形转子频率的等效刚度受转子刚度的影响很大,且支座退化不会影响 U 形转子的频率。

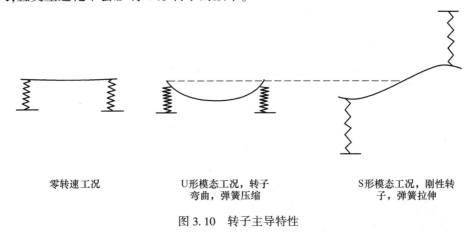

零转速工况　　　　U形模态工况,转子　　　　S形模态工况,刚性转
　　　　　　　　　弯曲,弹簧压缩　　　　　　子,弹簧拉伸

图 3.10　转子主导特性

然而,转子裂纹是转子刚度显著降低的症状,参见第 8 章中的转子裂纹实例讨论。

3.5 S形转子模态

在 S 形转子模态布局中,转子轴是刚性的(与 U 形转子模态相反),轴承支座表现为软弹簧[4-5]。转子在两个支座端的相位角彼此相差 180°。它们与图 3.11

所示的 S 形旋翼模态形状一致。因为支座刚度(弹簧)比转子的刚度小,所以支座刚度在形成 S 形转子模态和相关频率方面起着关键作用,且 S 形转子模态频率降低会导致支座(刚度)下降。S 形转子模态下的软支座如果长期暴露在操作力下,可能会进一步软化。

透平的 U 形转子模态和 S 形转子模态如图 3.11 所示。

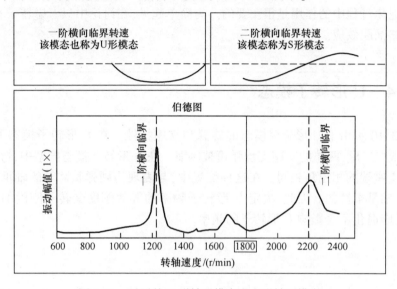

图 3.11 透平的 U 形转子模态和 S 形转子模态

3.6 转子和轴承支座建模

为了更好地理解支座刚度对转子频率的影响,考虑一个转子和支座的简单数学模型,如图 3.12 所示。为简单起见,不包括油膜建模。对于所讨论的转子系统,混凝土基础坚硬。文献[6-7]中也讨论了类似的数学模型。

图 3.12 中转子-支座系统的运动方程为

$$[M]\{\ddot{x}\} + [K]\{x\} = me\omega^2 \qquad (3.1)$$

式中:$[M]$ 和 $[K]$ 均为 4×4 矩阵,代表系统的质量和刚度特性;k_s 和 k_p 分别是转子轴和支座刚度;向量 $\{x\}$ 为两个正交平面内的 4×1 转子和支座位移;$me\omega^2$ 为施加在转子上的旋转质量不平衡力。

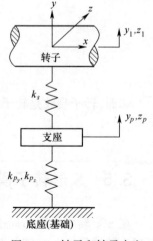

图 3.12 转子和轴承支座

式(3.1)的解决方案提供 U 形和 S 形转子的临界频率、响应和模态振型信息。任何通用的转子动态计算机代码都能够计算转子频率和其他参数。

3.7 测试方法

通过实验可以得到任何透平结构的 U 形和 S 形转子频率与模态振型。可以使用以下工具进行测试：冲击锤，电动或气动激励器。在这两种情况下，转子和轴承支座的频率都可以被激发。

在其中一台低压透平(B 型)上进行了锤击和激励器实验，结果如下所述：通过锤击实验(也称为"撞击实验")获得的低压转子和轴承支座频率响应如图 3.13(a)所示。虽然锤击实验可为简单结构提供合理的测试结果，但与图 3.13(b)所示电动振动台获得的频谱相比，大型低压汽轮机结构获得的频谱噪声很大，没有明确的峰值。

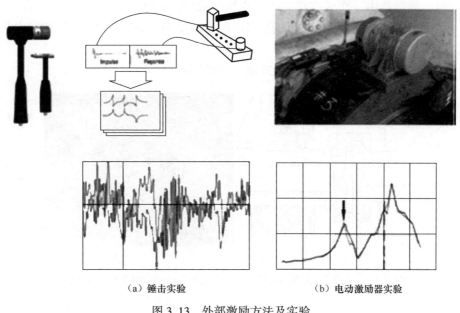

(a) 锤击实验　　　　　　(b) 电动激励器实验

图 3.13　外部激励方法及实验

以下原因会导致锤击实验的信号微弱：

(1) 冲击锤激发随机频率，通常分布在测试范围内的所有频率上。此外，低压轴承支座结构复杂，有几个焊接组件。这些组件的作用就像减速带一样，分散锤子产生的已经很低的冲击能量。结果显示，只有一小部分能量用于激发相应的模态。因此，锤击信号较弱且噪声较大。

(2) 由激励器电机产生的旋转不平衡力与转速有关,提供了更集中的单频激励。当激励器转速与转子或支座的固有频率相匹配时,响应达到伯德图所示的峰值。图 3.13(b)中的激励器频谱图中的红色和蓝色线分别表示激励器电机上升和下降的速度坡道。

简而言之,对于测试的转子和支座结构,与冲击锤产生的噪声响应谱相比,电动激励器始终能够提供显著且低噪声的响应谱。文献[8-9]讨论了一个简单汽轮机支座结构的激励器和冲击锤实验。在他们的研究中,测量了转子 U 形模态的分裂临界转速下的支座刚度。虽然所用激励器的细节不清楚,但激励器产生的信号似乎很弱,可能的原因是施加的质量不平衡很低。

3.7.1 电动激励器

本节讨论用于 B 型低压透平结构实验的电动激励器,其布局结构主要包括以下几方面:

(1) 激励器由一个装在机壳内的电机组成(图 3.14)。

(2) 电机两端有两个可调质量,可以改变质量偏心位置。因此,施加的力是可以调整的。

(3) 激励器安装在轴承套上,并通过螺栓固定。

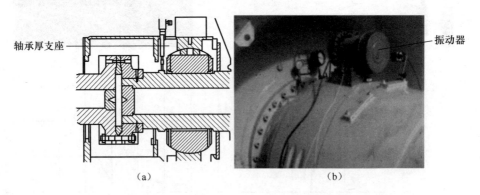

图 3.14 安装在 LP 轴承腔背上的电动激励器(由西门子公司提供)

3.7.2 激励器实验过程

首选的激励器测试结构是采用连同所有转子和油压处于释放状态轴承的轴系。测试应在转子静止(0r/min)的情况下进行,透平应按照运行配置进行装配。如图 3.14 所示,将电动激励器安装在低压透平轴承上。在测试过程中,激励器的激励频率可以通过变频驱动(Variable frequency drive, VFD)从 0~40Hz(对于工作在 25/30Hz 的机器)变化。图 3.15 显示了类似于 B 型低压透平的激励器测试布局示例。

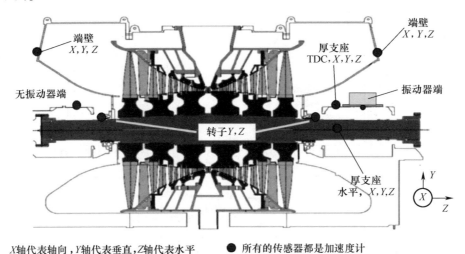

图 3.15 激励器实验布局示例(由西门子公司提供)

在转子和支座上放置了加速度计,以测量作用力的响应。转子激励器端(shaker end, SE)和非激励器端(non-shaker end, NSE)的力与响应信号通过信号分析仪输入,该分析仪将在屏幕上显示频谱。当旋转频率与转子或支座的固有频率相匹配时,可以观察到峰值响应。通过测量转子的相位角可以识别和确定转子的 U 形和 S 形模态。在每个方位应重复频率扫描,以确认测量数据的可重复性。

3.7.3 激励器实验频谱图

图 3.16 显示了图 3.15 所示低压转子布局的转子响应振幅和相位角(在纵坐标上)与激励器速度(在横坐标上)的关系。文献[1-2]中也有类似的结果。

对于所示的例子,测量了低压转子的 U 形和 S 形频率,分别为工作频率的 68.2% 和 122.5%。由于测量的 S 形转子频率远高于工作频率 110% 的典型设计目标限值,因此轴承支座被认为是标称的(未降级)。

3.7.4 激励器实验台刚度图

典型的激励器不平衡力随激励器速度谱变化,如图 3.17 所示。

由激励器不平衡力(mef^2)得到低压轴承支座刚度值 k,对应的振动响应(x)

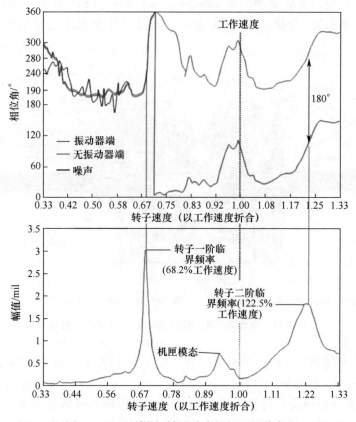

图 3.16 （见彩图）转子响应振幅和相位角

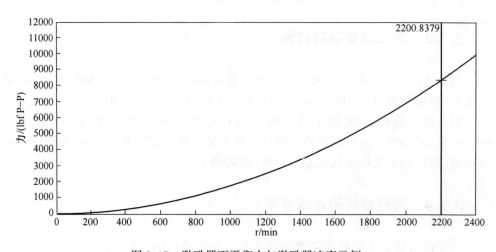

图 3.17 激励器不平衡力与激励器速度示例

如下所示。

对于英制单位,有

$$k = \left(\frac{8\pi^2}{386000}\right) \cdot \left(\frac{(me)f^2}{x}\right) \qquad (3.2a)$$

对于国际单位制单位为,有

$$k = \left(\frac{8\pi^2}{9806000}\right) \cdot \left(\frac{(me)f^2}{x}\right) \qquad (3.2b)$$

式中:k 为刚度,1bf/in 或 N/mm;me 为不平衡量(in·磅或 mm-kg);f 为旋转频率(Hz);[1]x 为测量响应(mil P-P 或 μm)。

采用式(3.2a)或式(3.2b),可以在任意激励器速度下计算支座刚度,如图 3.18 所示。在较低的转速范围(0~600r/min)中,测试仪器的电子噪声主导着测量的刚度,因为激励器的不平衡力太小,无法降低噪声。当激励器速度提高到 700~1000r/min 时,支座静刚度通常稳定下来。支座刚度估计误差的影响因素有:①测量信号中的噪声;②来自薄弱构件和关节的噪声;③从加速度到响应的转换误差。上述任何一个都可能影响估算的支座刚度值的准确性。[2]

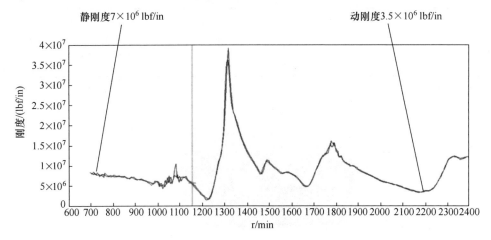

图 3.18 低压支座刚度实测图示例

稳定刚度在 700~1000r/min 的范围可归为支座的静刚度(硬质支座弹簧所致),并用于计算 U 形转子的频率。与 S 形转子频率对应的刚度称为"动刚度"(由软质支座弹簧所致)。垂直方向测得的支座刚度一直比水平方向的干扰小。这是因为转子在垂直面上位于轴承锥的下止点中心处,而在水平方向上与轴承锥没有

---

① 1inch = 2.54cm,1lb = 0.454kg,1mil = 0.0254mm,1Microns = 0.001mm。
② 1lbf = 4.4482N,1in = 2.54cm。

任何接触。因此,转子和轴承间隙之间的气隙在水平或横向平面产生了更大的噪声频谱。

通过激励器实验测得的台架刚度值可应用于转子动力学模型,计算第一、第二转子临界频率。对于 B 型透平设计或类似结构,当支座退化时,只有 S 形转子垂直频率向工作频率方向下降。但 U 形转子的频率可以观察到微小的变化。最佳的设计实践是使 S 形转子的垂直频率远高于 110% 的工作频率。

根据透平结构的大小,B 型支座的静态刚度在垂直方向上可以在 7×10^6 lb/in 和 14×10^6 lbf/in 之间变化。相应的支座动刚度值通常为静态刚度值的一半左右。表 3.1 列出了标称、降级和加固设计条件下的支座刚度测量值。从表 3.1 中可以推断,只有动态刚度提供了支座退化的症状。由表 3.1 可知,对于退化的支座状态,动态刚度明显降低。支座加固后测得的动态支座刚度值比其原始设计略高。图 3.19 显示了一系列用于加固低压轴承座支架的支柱。各种支柱位置可用于加强支座。它们是直竖式、A 型框架在轴承内圈的底部死点两侧有两个大约 45°的支柱、直竖式和 A 型框架支承的组合。

表 3.1 垂直方向低压透平动静支承刚度实测值($\times 10^{-6}$ 磅/英寸)

轴承支承	标称		降级		加固	
	静态	动态	静态	动态	静态	动态
图 3.6(b)	7.0	3.5	7.0	1.2	7.0	4.0

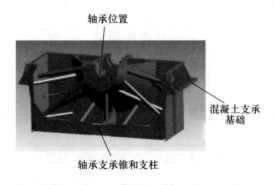

图 3.19 采用垂直和/或 A 型支柱加固轴承座(由西门子公司提供)

Hiss 等对类似的钢质柔性轴承支座进行了详细的测试,以了解其他自由度的耦合运动对垂直和水平面上测量的直接刚度的影响,得到了代表支座系统刚度矩阵的实测谐波响应函数(harmonic response functions,HRF)。HRF 是一个填充矩阵,由代表直接刚度的对角线项和代表其他自由度而产生的交叉耦合刚度的非对角线项组成。实测的 HRF 刚度矩阵表明,非对角线刚度值比对角线刚度值小 3~5

倍。这项研究证实了传统上建立的单自由度支座刚度(类似于在激励器实验中获得的)值的有效性,这些值通常用于转子动力学计算。

文献[11—12]介绍了与支架结构特征相关的研究。

激励器测试概要主要包括以下几点。

(1) 支座的静态刚度始终高于动态刚度。

(2) 在标称支座设计中,动态刚度约为静态刚度的50%。

(3) 静态刚度变化之间的名义和退化的支座是最小的。

(4) 在测试的低压(B型)透平中,退化支座的实测动态刚度在标称值的25%~75%之间变化表3.1。

(5) 在100次实验的基础上,减振台架的动态刚度降低与S形转子的频率降低是一致的。

3.8 利用激励器数据计算横向频率

具有运行配置的激励器测试配置(仅包括转子和支座)可以在转子动力学模型中进行模拟,以进行转子的频率计算。

计算数据应表示完整的轴系和轴承支座刚度。该数据集能够模拟激励器测试配置,以匹配所测得的转子和支座频率。对于运行配置,除了用于模拟激励器测试配置的数据,还必须包括与速度相关的油膜动态系数。

转子动力学计算提供转子固有频率和相应的模态振型(U形模态和S形模态),如图3.20所示。一般来说,商业转子动力学代码可能不具备复杂的支座的建模能力,从而无法计算支承刚度。因此,应按照3.6.1节的要求建立有限元模型。

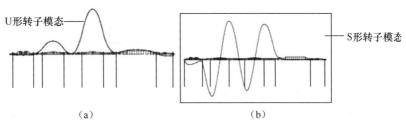

图3.20 典型的模态振型

3.8.1 与延伸轴连接的低压转子系统的模态振型

在有些透平结构中,低压转子与延伸轴相连,也称为"杰克轴"(JS),如图3.21所示。JS通常将低压转子的锥形模态分为两种:第一种JS模态(同相)被描述为部分发展的低压转子锥形模态或图 3.22 所示的第二模态；第二种 JS 模态（反相）产生完全发展的第二低压转子模态，如图 3.23 所示。

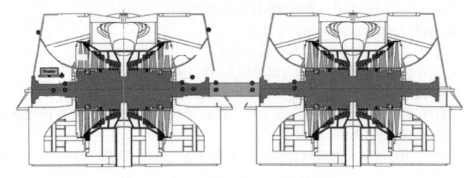

图 3.21 两个低压转子用杰克轴连接

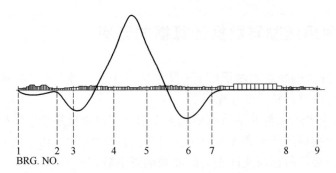

图 3.22 带有部分发展的低压转子二阶临界转速（同相）的杰克轴

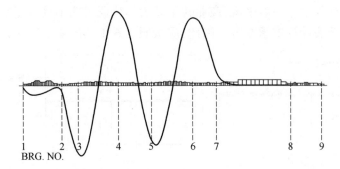

图 3.23 由完全发展的低压转子第二临界转速主导的杰克轴（反相）

3.8.2 有限元模型及结果

1. 有限元模型

低压透平可以建立包括转子、机匣和支座在内的有限元模型，如图 3.24 所示。

模态振型结果表明,透平两端的轴承锥体相对移动180°,确定了转子在垂直方向上的主要为锥形模态。这种模态也称为"反向垂直"。模态振型分析表明,在垂直方向上需要加强筋来强化支座。详细的有限元计算有助于选择合适的加强筋位置。

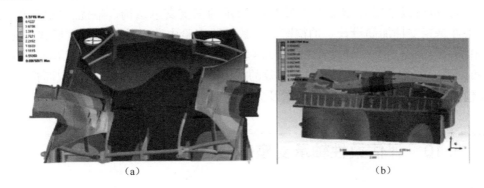

图3.24　(见彩图)S形转子模态振型有限元仿真(由西门子公司提供)

2. 计算结果

在一般情况下,报告应包含机组相关数据、轴系配置(包括总重量、轴承信息、直接支座刚度值)和计算结果。

3.9　支座退化情况评估

3.9.1　初级评估

如果S形转子的频率测试高于工作频率的110%,就认为支座状况"正常",且支座健康。

如果测试的S形转子频率低于110%的工作速度,就认为低压支座状况退化。这意味着自安装以来,低压透平支座的健康状况已经恶化。

3.9.2　二级评估

支座退化对支座静态刚度变化不大,但是会导致支座动态刚度下降。通常,在"名义"设计中,支座的动态刚度约为静态刚度的50%。支座动态刚度的显著降低也表明S形转子的频率较标称设计有所下降。

3.9.3 挠性支座加固

如果检测到支座退化,就必须对其进行加固,可以采用垂直方向的单支支承予以加固,也可以采用 A 型支承或图 3.19 所示的三支支承结构。最优、最稳定的加固条件是三支柱加筋设计。伯德图或在激励器实验中获得的静态挠度形状(static deflection shope,SDS)图或在机组额定转速下获得的操作挠度形状(Operation deflection shape,ODS)图将提供最有效的加固方向,然后由供应商或供应商授权的承包商更好地确定合适的加固配置及方案。

3.10 评估柔性轴承支座安全运行条件的推荐指南

3.10.1 初级评估

对于一类采用柔性支座的低压汽轮机(B 型),可以通过测量 S 形转子自由数量并将其与原始设计对比来评估支座退化。当测试 S 形转子的频率低于工作转速的 110%时,可认为支座是退化的。

以往的机械过速测试数据(如果能达到 110%的过速极限)有时也会有助于识别 S 形转子的频率。通常,转子平衡质量和转子位置在维修中断之间的变化,会导致以往的伯德图数据集可能出现不一致。因此,在评估支座退化时,应考虑采用激励器实验来确定频率。如果通过激励器测试,S 形转子自由数量没有低于工作转速的 110%,就认为支座是标称的,没有发生退化。

如果在工作转速的 105%~110%范围内测试 S 形转子的频率,建议在随后所有计划维修停机时跟踪 S 形转子的频率,以确保通过激励器测试,S 形转子的频率不会降至工作速度的 105%以下。此外,根据 ISO 20816-2[13],建议对转子-结构相互作用进行连续基础(地震)振动监测,因为基础(地震)振动水平的增加会加速支座的退化进程。

如果 S 形转子的频率达到工作转速的 105%,建议通过加强支座将 S 形转子的频率提高至工作转速的 110%以上。从这一点开始,不可能确定支座退化的速度和相关风险。在这种情况下,还建议将基础(地震)振动水平限制在 20816 C/D 水平以下,直到支座加强,使 S 形转子的频率超过工作转速的 110%。

如果 S 形转子的频率在工作转速的 100%~105%范围内进行测试,就认为支座已经退化到对机组的进一步运行构成高风险的程度。在这种情况下,建议优先对损坏情况进行机械检查,并进行必要的修复。如果检查结果不确定或没有发现任何导致损坏的线索,建议立即加固支座。

如果在此阶段推迟加固方案,建议连续监测轴承结构的基础(地源震动)振动水平,通过平衡转子将轴承结构基础(地源震动)振动水平限制在 20816-2 C/D 以下。此外,还需要连续的相位角监测来掌握退化的速度。在通常情况下,24h 内 3°~4°相位角变化就可以被认定为基支座的严重退化。

3.10.2 二级评估

将实测的动态刚度(对应 S 形转子的频率)与标称设计值进行比较(图 3.18),当原始频率数据相对无噪声时,这种评估可以有效补充主要频率数据。建议将设计动态刚度与退化情况进行比较,以了解机组在运行期间的变化情况。

3.10.3 检查

通常,建议对受影响的支座部件和装配系统进行检查,并进行修复。对于此处所讨论的复杂结构,深入系统查找并确定存在的缺陷或物理损坏可能很具挑战性。当检查出现不确定时,建议对支座结构进行加固,并在实验和分析的基础上,提出加固支承结构的方法。图 3.19 给出了一个常用的加固方法的例子。在此基础上,还需要进行加筋后的激励器实验,以确定支座加筋后 S 形转子频率的具体增加值。

3.10.4 其他因素的影响

下面列出了一些已知的透平问题,这些问题可能会增加支座基础(地源震动)振动水平。如果基础(地源震动)振动水平持续保持或增加,并超过 ISO 20816 C/D 限制,就可能发生支座退化。

3.10.5 冷凝器压力的季节性变化

冷凝器背压的季节性变化会对基础(地源震动)振动的变化产生影响,尤其是对柔性支座。在秋季和春季之间(美国 10 月至次年 3 月),冷凝器的水温变冷;因此,冷凝器的压力随冷水循环会下降。在这种情况下,支座的基础(地源震动)振动增加。然而,在夏季(美国 4—9 月)观察到相反的趋势[较低的基础(地源震动)振动水平],随着循环水温度的升高,冷凝器压力达到较高。因此,基础(地源震动)振动水平在夏季下降。图 3.25 给出了汽轮机厂中具有代表性的柔性支座(B型)振动的季节趋势。

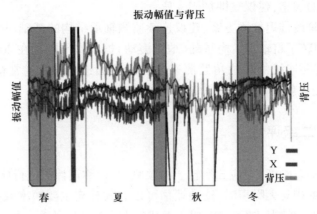

图 3.25 （见彩图）支座振动水平随季节变化

3.10.6 电网事件的影响

发电厂的电网事件也会增加支座的基础(地源震动)振动水平。根据电网事件的强度,在电网事件之后可以观察到支座和转子振动的阶跃变化。目前尚未在电网事件中观察到或有相关的支座退化的记录。

3.10.7 浆液降解的影响

水泥浆是一种粉状物质(水泥、水和其他化学物质的骨料),它被紧密填充在底板与基础混凝土表面之间的空间中,以便与透平壳体正面接触。在某些情况下,环氧树脂也被泵入填充空间。在长时间的使用中,水泥浆会磨损底板和混凝土表面之间的开口间隙。因此,支座的基础(地源震动)振动水平可能会增加,进而出现松散水泥浆的情况。基于有限次数的检查结果,一般认为水泥浆损坏不太可能导致支座刚度的下降。

3.11 小结

本章主要讨论了中大型核汽轮机(60Hz/1800r/min 机组)中一类柔性轴承钢支承(B 型)的支座退化问题。基于几次支座的测试数据,第二转子临界转速(S 形模态或锥形模态)较原始设计的降低,可以作为支座退化的症状,这些发现也证实了退化支座动态刚度的降低。激励器实验有助于确认任何转子系统的转子临界频率降低程度。3.7节通过制定相应准则,以确定蒸汽透平各种程度的支座退化和关联应对措施。

计算转子的第一模态频率和第二模态频率需要两个不同的支座刚度值(静态和动态)。一般来说,汽轮机结构的动态刚度约为静态刚度的一半。然而,还需要进行实验来验证其他支座支承结构或其他结构的静、动态刚度比值结果。

参考文献

[1] Subbiah R. (2015) Evaluation of pedestal stiffness variations in steel supported structures for steam turbines In: Proceedings of 9th IFToMM international conference on rotor dynamics held in Milan, Italy, September 2014. Springer International Publishing, Switzerland, pp 2149-2164.

[2] Subbiah R. (2012) On the determination of bearing support pedestal conditions using shaker testing. In: Presented in the IMechE conference, London, UK, Sept 2012. pp 99-111.

[3] Nuclear News. (1993) September 1993, pp 43-61.

[4] Malcolm Leader. (1984) Introduction of rotor dynamics of pumps without fluid forces. In: Proceedings of the 1st international pump symposium, Texas A&M. pp 133-146.

[5] Vance J. (1988) Rotor dynamics of turbo machinery. Wiley.

[6] Subbiah R, Bhat R B, Sankar T S. (1985) Response of rotors subjected to random support excitations. J Vib Acoust Stress Reliab Des.

[7] Rouch K E, McMains T H, Stephenson R W. (1989) Modeling of rotor-foundation systems using frequency-response functions in a finite element approach. ASME J 157 pp.

[8] Nicholas J C, Barrett L E. (1985) The effect of bearing support flexibility on critical speed prediction. In: Presented at the 40th annual meetings, 6-9 May 1985, Paper No. 85-AM-2E-1.

[9] Nicholas, John. (1999) Utilizing dynamic support stiffness for improved rotor dynamic calculations. In: Proceedings of the 17th international modal analysis conference, vol 3727. pp. 256-262.

[10] Florian H, Gerta Z. (2014) Updating of rotor models by means of measured frequency response data. In: Presented in ASME technical conference turbo expo, Dusseldorf, 14-20 June.

[11] Kirk R G, Gunter E J. (1972) The effect of support flexibility and damping on the synchronous response of a single mass flexible rotor. ASME J Eng Ind 94(1).

[12] Lund J W. (1965) The stability of an elastic rotor in journal bearings with flexible, damped supports. ASME J Appl Mech 87(Series E):911-920.

[13] ISO 20816 Mechanical vibration-measurement and evaluation of machine vibration-part 2: land based gas turbines, steam turbines and generators in excess of 40 MW, with fluid-film bearings and rated speeds of 1500r/min, 1800r/min, 3000r/min and 3600r/min.

第4章
油膜、蒸汽和/或气体密封对转子动力学的影响

4.1 引言

目前为了简化技术讨论,推迟了复杂的油膜轴承建模和分析。在进入轴承动力学的核心主题之前,有必要了解这样一个事实,即基于各种原因,各种油膜轴承结构被应用于叶轮机械中。例如,为了更好地承载能力而选择圆柱轴承,但这种轴承在某些工况下又容易发生油膜振荡进而导致转子失稳。因此,可倾瓦轴承的应用变得更加普遍,且为了满足特定需求,开发了多衬垫配置(如双、三、四、五、六衬垫)。可倾瓦轴承也越来越多地在现代叶轮机械中得到广泛应用。

出于成本和其他具体操作,椭圆轴承、沟槽轴承和阻尼轴承等轴承类型也纳入了考虑范畴。由于油轴承动力学影响并解决了大多数叶轮机械的振动问题,有必要熟悉油膜轴承建模和计算的一些细节。为此,利用雷诺线性数学方程推导出油膜动力学系数,并介绍了几种特殊轴承类型,为解决机械问题提供其他选择。在本章的最后还提供了常见轴承问题、观察到的症状和潜在解决方案的列表。

4.2 概况

第3章专门讨论了支座刚度对转子频率的影响。本章专门讨论油膜轴承动力学。结合一个安装在各种支承结构上的低压转子示例,演示支承对转子频率的影响,如表4.1所列。

示例中的低压转子质量为37700kg,由两个380mm的圆柱油膜轴承支承。所采用的支座静态刚度和动态刚度分别为 1.2×10^7 和 1.05×10^6 N/mm。

1级:刚性条件,包含转子+刚性支承(直接安装在混凝土基础上)。
2级:柔性条件,包含转子+柔性钢质支座支承。
3级:最柔性条件,包含转子+柔性钢质支座支承+油膜轴承。

表 4.1　不同支承条件下的转子转速　　　　　　　　　单位:r/min

支承条件	一阶弯曲	二阶弯曲
1级:转子+刚性支承	2301	5310
2级:转子+支座	1454	3101
3级:转子+支座+油膜轴承	1300	2677

图 4.1(a)说明了三种级别的支承结构(从左到右)分别对应的一阶转子弯曲固有频率的变化。图 4.1(b)说明了相同支承条件下转子二阶弯曲频率的变化情况。油膜轴承+支座刚度的转子结构可以提供最灵活的条件与最低的转子频率。

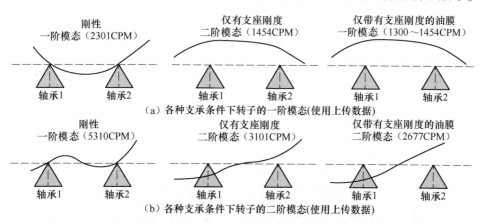

图 4.1　三种类型的支承结构及相同支承条件下转子二阶弯曲固有频率的变化

除了降低整体支承刚度,油膜轴承还为转子系统提供了最主要的阻尼源,并主要负责在启动、降速和额定工作条件下降低临界速度时的峰值响应幅值。本章专门讨论了油膜动力学特性及其对转子频率和振动的影响。

轴承的选择主要取决于维持旋转机械持续运行所支承的负载、产生的温度以及承受的振动。绝大多数应用于蒸汽透平,燃气透平、工业透平、电机和励磁器中的转子系统都是由油膜轴承所支承的。除了负载、温度和振动考虑,转子稳定性也是选择轴承时需要考虑的另一个重要问题。①

4.3　轴承的类型

轴承的分类大致如下。

---

① 注:1CPM(count per minate,周/分钟)= 1/60Hz

1. 接触式
(1) 滚珠轴承。
(2) 滚棒轴承。
2. 非接触式(油膜形式)
(1) 径向轴承：保持转子径向位置。
① 液压：在恒定油压下工作。
② 流体动力：在可变油压下工作。
(2) 轴向或推力轴承：保持转子的轴向位置，平衡透平内工质产生的推力。
3. 悬浮轴承

一般来说，叶轮机械中应用的轴承以非常精准的方式将转子的径向和轴向位置保持在它们的轴承腔内。如图 4.2 所示，滑动轴承在径向支承转子，而轴向或推力轴承则在轴向支承转子。由于非接触式轴承比接触式轴承表现出更多形式的转子动力学特性，因此本章仅将重点集中在非接触式或油膜轴承上。

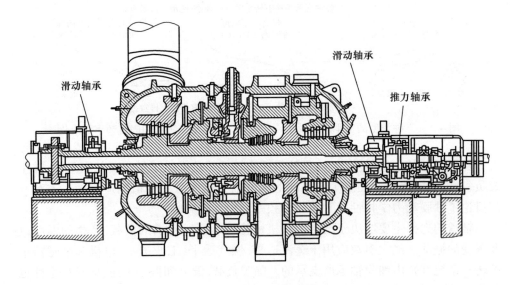

图 4.2　透平中的轴承位置

4.4　各种类型轴承的性能

本节讨论汽轮机轴承的类型及其独特的性能。

4.4.1 油膜轴承

(1) 液压轴承支承重负荷,使用寿命更长(低维护和长使用寿命)。
(2) 静压轴承在恒压下工作,应用于机床,并作为油压支承应用于小、中、大型叶轮机械。
(3) 由于液压在不同的转子转速和负荷下会有所增加,使得液压轴承的轴颈在轴承腔内会随之上升。除了可倾瓦类型,液压轴承会表现出交叉耦合效应(施加于 Y 方向的力对 Y 方向有直接响应,但也会引起 Z 方向的耦合响应)。
(4) 挤压油膜轴承是一种特殊类型的液压轴承,它通过"轴承嵌套轴承"的结构可以提供额外的阻尼。这种轴承是一种特殊设计的轴承,它可以在其他类型的轴承都失效的特定工况下良好地工作,但是在这种特定工况之外,它可能无法正常工作。

4.4.2 滚动轴承(球、棒)

(1) 紧凑设计,提供良好的尺寸稳定性,因为球或棒总是与它们所支承的转子接触。
(2) 无交叉耦合效应。
(3) 为任何即将发生的故障提供早期预警信号。
(4) 鉴于可靠性考虑,用作所有飞机发动机的主轴承。

4.4.3 磁(悬浮)轴承

(1) 可以控制轴颈力。
(2) 无交叉耦合效应。
(3) 非常低的损失。
(4) 低负载能力,它们仅限于小型透平/机械使用。
(5) 如果主动控制失败,那么需要备用(油膜)轴承。
在油膜轴承系列中,以下类型在叶轮机械中比较常见。
(1) 普通圆柱形或圆形。
(2) 部分圆弧形。
(3) 椭圆形或柠檬形。
(4) 多瓣类型。
(5) 压力坝型。

(6) 可倾瓦型。
(7) 挤压油膜阻尼器。
(8) 磁性类型。
(9) 多衬垫专用轴承。

4.5 滑动圆柱轴承

图 4.3 中给出了一个滑动圆柱轴承的结构示例。在这种结构中,轴颈(旋转部分)和轴套(静止部分)之间的间隙沿 360°圆周方向是恒定的。这类轴承通常用于较老的设备和一些较小尺寸(直径)的轴承结构(直径通常小于 75mm),如轴颈浮动在铜环内或浮动密封内的静止轴承或实验室轴承。

滑动圆柱轴承或圆形轴承也属于固定圆弧类型,这归因于它们所支承的主动负载圆弧。

图 4.3 平面圆柱轴承

4.5.1 油膜的形成

轴承内部油膜的液压随轴颈转速、黏度、油膜温度、负载和油密度的变化而发生改变。图 4.4(a)和(b)分别为油膜轴承随轴颈逆时针和顺时针转动时内部典型的压力分布。速度相关的油膜压力在每个速度下都会产生不同的动刚度和阻尼系数。一般来说,所有类型的油膜轴承的压力分布都是抛物线形的。最小油膜区会产生最大的油膜压力。

假定轴承的轴颈和轴承套之间充满空气,可以想象轴颈会在间隙空间内直线下移。如果间隙空间内充满了油而非空气,油的黏度会阻碍轴颈直线下移,此时轴颈会相对于垂直载荷线沿着带角度的路径下移。垂直载荷线与连接轴颈中心和轴承中心的直线之间的夹角称为偏位角,连接轴颈中心和轴承中心的直线称为"偏位线",如图 4.4 所示。偏位线与垂直载荷线之间有一个角度的偏移,这个角度取决于施加载荷的大小、轴颈速度、油温和油膜黏度。根据轴颈的转动方向,偏位角 ϕ 和最小油膜厚度沿顺时针或逆时针方向移动。轴颈的瞬时轨迹(在间隙内)可由相对于垂直载荷线的偏位角 ϕ 来定义。偏位线随着载荷的增加而移动,如图 4.5 所示。

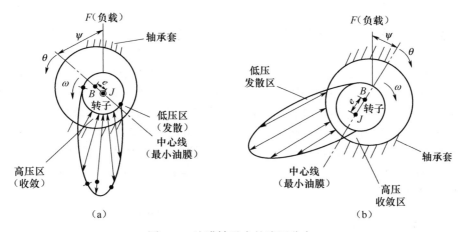

图 4.4 油膜轴承内的液压分布

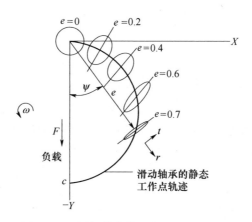

图 4.5 不同加载条件下轨迹形状的变化

4.5.2 油膜中的轴颈位置

图 4.5 为轴颈轨迹在轴承间隙圆内的变化。对于轴承和轴颈中心线重合的情况（偏心率 $e=0$），转子沿周向旋转。当轴颈上的载荷增加导致轴颈在间隙圆上移动时，中心线与载荷线承受一个角度，称为偏位角。在任何加载条件下，轴颈的位置可以用 ε 和 ψ 来定义。可以看出，当轴承载荷增加时，轴颈的轨迹形状也会发生变化。在 $\varepsilon=1$ 的极端条件下，轴颈接触底部的轴瓦。为了避免这种情况，重载轴承通过油压支承系统以高压供油的方式慢慢提升轴颈。随着轴颈旋转方向的不同，偏位角位置的变化如图 4.4 所示。

4.5.3　需油压支承的轴承

油膜压力主要是靠轴颈的转动而产生的。然而,它也取决于油的黏度和温度。供油压力在 12~15psi[①] 范围内(在某些异常情况下,压力可能低至 8 磅力/平方英寸,高至 26 磅力/平方英寸)时,油可以充满轴颈和轴承套之间的间隙。在低轴颈转速下,非常薄的油膜即可维持转子负载(图 4.6),这种情况称为边界润滑。在轴颈速度提高时,与提升轴颈的情况相比,边界润滑区域的摩擦力更大。轴承在低轴颈转速时所形成的液压勉强使其与轴承套底部保持足够的距离。因此,在该轴颈条件下油膜温度较高。

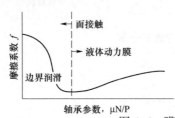

图 4.6　膜层与加载条件的关系

叶轮机械轴承的经验法则是,动态油膜可在 600r/min 以上的速度形成,从而将轴承颈从轴承套上充分抬起。在 10~600r/min 时,轴颈通常略高于动态薄油膜。同样地,在这个转速范围内,动态油膜的发展主要取决于轴承承载的负载。因此,静态薄油膜在低速下可能无法承受重载荷。例如,对于 1500/1800r/min 的叶轮机械,低压级的轴颈频繁在边界膜附近冒险运行。为了解决这种情况,通过安装油压支承将轴颈向上抬升,从而保护轴颈表面和轴承巴氏合金区域。油压支承从转子的 0r/min 开始启动直至 600r/min(在某些高速叶轮机械上是 1000r/min),从而形成足够的流体动力润滑油楔,在机组启动时有效支持转子负载。与此类似,当机组速度下降时,油压支承在 600r/min 左右时同样会被激活。

4.5.4　部分圆弧轴承

部分圆弧轴承是滑动圆柱轴承或圆形轴承的一种。典型的部分圆弧形轴承的弧长为底部 160°。这种主动圆弧是通过在水平线两侧的下方 10°处加工支承壳体而实现的,如图 4.7 所

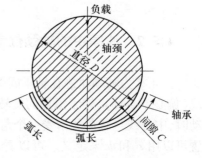

图 4.7　部分圆弧轴承

---

① 注:1psi=6.895kPa。

示。代表剩余200°圆弧的上方壳体,则是由一个具有不同圆弧角的微偏心孔接替,这种类型的轴承略有偏心孔与不同的弧度角,将这种类型的轴承区别为部分圆弧轴承。

4.5.5 黏度泵轴承

黏度泵(Viscosity Pump,VP)轴承是一种特殊类型的部分圆弧轴承。图4.8所示的该类轴承是由西屋电气公司设计的。进油口位于壳体的上半部分,与上止点成45°角的位置,它具有特殊的机械加工特征,可以通过泵的作用借助于压力变化吸油,从而保证在所有工况条件下实现油的连续循环。图4.9详细说明了实际黏度泵轴承的上半部和下半部结构。下半部分有一个机械加工的油提升槽,看起来像一个"领结",这是典型的西屋电气公司设计的轴承。矩形升油槽在西门子和其他供应商生产的轴承结构中也很常见。油通过位于壳体下半部分底部的排油孔排出。图4.10给出了黏度泵轴承装配组件的分解图。

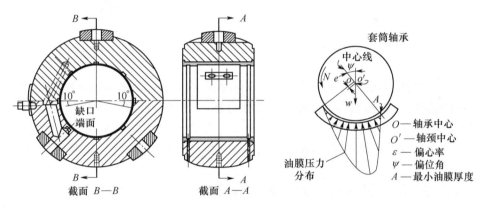

图4.8 黏度泵轴承

图4.9 实际黏度泵轴承的上半部和下半部结构(由西门子公司提供)

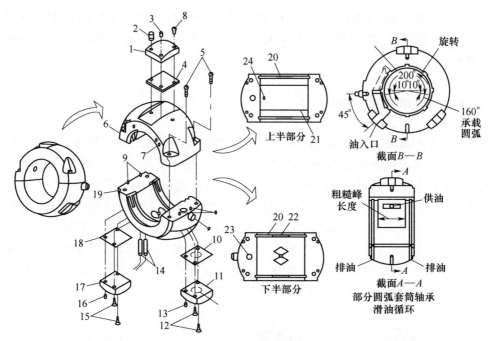

图 4.10　黏度泵轴承装配组件的分解图(由西门子公司提供)

为了实现轴承的最佳对中条件,应在轴承套的外表面和固定座的内表面之间保持球面轮廓。根据经验,达到 80% 的配合面的表面符合度是可以接受的,从而使得转子与支座孔保持同心。此外,还需注意配合支座球面孔在接触区域之间有粗糙峰,这些细节可能会被忽略,但对于保持良好的轴承对中性是非常重要的。

4.5.6　所有液压轴承的常见结构特点

液压轴承的常见结构特点如下:
(1) 防旋转销保持顶部和底部壳体的位置,防止旋转。
(2) 薄而软的巴氏合金材料(锡基合金)提供较低的摩擦,并应用于顶部和底部轴承套的内表面。
(3) 转子在轴承套内的部分称为轴颈。
(4) 有效长度 l 是排油孔之间的轴向距离。轴承动态系数的计算包括有效长径比 l/D。
(5) 对于静态轴承负荷计算,l/D 通常使用 0.9 或更高。
(6) 平滑加工的轴颈(小于 $16\mu m$)和柔软的巴氏合金材料提供更小的摩擦,使轴颈在油膜中 λ_1 费力地滚动。
(7) 透平油主要采用 VG 32 或 VG 46 级。

4.6 椭圆轴承

椭圆轴承在两个正交平面上有两个不同的轴承间隙,这一特征与普通圆柱轴承明显不同,后者沿周向具有恒定间隙。在一般情况下,椭圆轴承的垂直方向和水平方向的间隙比约为1:2。减少椭圆轴承的垂直间隙可提供更多的阻尼。轴承套由两半装配成圆形轴承形状,水平接头的两端插入垫片包。当拆下垫片包时,轴承呈椭圆形或柠檬腔,在垂直方向和水平方向上有两个不同的间隙值,如图4.11所示。

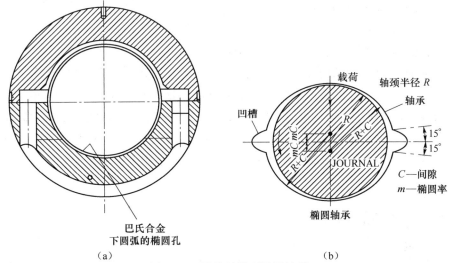

图4.11 层叠弧类型椭圆轴承

西门子公司开发了一种特殊的椭圆轴承,被称为层叠弧类型(或下圆弧)类型,加工较为精细,底部有一个浅圆弧,如图4.11所示。这种特征为轴承提供额外的阻尼。这种类型的轴承可作为重载轴承的应用选项,在透平启动和/或降速及运行速度期间,为转子提供额外的阻尼以平稳地通过临界转速。

4.7 轴向槽式轴承

图4.12为具有4个轴向槽的轴向槽式轴承。沟槽特征决定了轴承的活动弧度,这些凹槽使油不连续流动。与普通圆柱轴承相比,这一特性提高了轴承的稳定性。然而,这种类型的轴承仅限于低负荷工况应用。因此,它们可能不适合在中型和大型叶轮机械中应用。

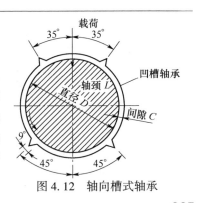

图4.12 轴向槽式轴承

4.8 压力坝轴承

压力坝轴承结构如图 4.13 所示。上壳体内加工有部分凹槽,凹槽末端的台阶就像一个大坝,能产生额外的向下的力。工作时循环流体在大坝处受到突然的阻力会增加局部流体压力,并对轴颈施加向下的力,如图 4.13 中箭头所示。

内置的压力施加一个向下的轴颈预加载力。底部加工的缓冲轨道增加了阻尼,并可以调整以改变 l/D 的比值。减小 l/D 比值有助于增加阻尼来提高动态油膜压力。坝形结构和卸载轨道特征均可增加转子稳定性。这种类型轴承的缺点是污染物(循环油中)会随着时间的推移而发生集聚,并使坝形结构和卸载轨道失效。此外,波瓣型轴承、椭圆轴承和压力坝轴承均可以在预加载条件下用于稳定转子工况。

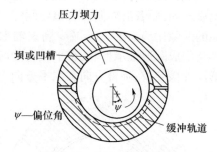

图 4.13 压力坝轴承结构

4.9 可倾瓦轴承

在叶轮机械中最常用的径向轴承是可倾瓦类型。一般来说,4 个或 5 个倾斜衬垫的可倾瓦轴承比较常见。如图 4.14 所示,衬垫可以比作在所有条件下将球(轴颈)推向轴承中心的曲棍球棒,因此它们被称为"自对中轴承"。

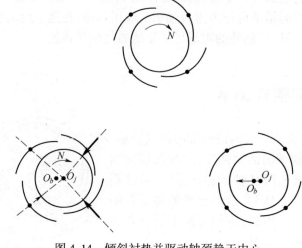

图 4.14 倾斜衬垫并驱动轴颈趋于中心

图 4.15 为四衬垫可倾瓦轴承的横截面。这种类型的轴承采用溢流式结构,有一个位于底部的进油口(在大多数情况下),并允许油充满整个轴承,因此也称为浸没式衬垫轴承。衬垫的自对中特性显著降低了交叉耦合效应,否则会导致转子不稳定,即出现油膜涡动和/或油膜振荡。然而,在发生蒸汽/气体涡动的情况下,即使是自对中倾瓦轴承也会被蒸汽或气体密封内存在的高压差所诱发的高涡流速度带入不稳定工况。与部分圆弧型轴承相比,可倾瓦轴承的自对中特性也会降低自身的阻尼和承载负荷能力。一般来说,可倾瓦轴承不适合作为大型和高负载轴承。然而,兼顾特殊功能的更现代和更先进的可倾瓦轴承可能已经克服了上述限制。

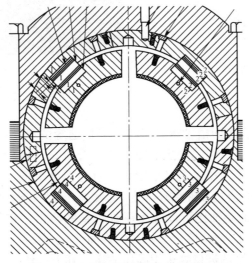

图 4.15 四衬垫可倾瓦轴承的横截面

4.9.1 前缘凹槽轴承

图 4.16 所示的四衬垫可倾瓦轴承是金斯布里(Kingsbury)公司设计的前缘凹槽轴承(leading-edge bearing,LEG)。这些衬垫绕着各自上面的一点旋转实现倾斜运动。根据轴承制造商的不同,距离轴心点的悬垂衬垫长度可能会发生变化。圆弧的最大悬垂位置在 50%~75% 的范围变化。在早期设计中发现,当轴颈位于上半部分的轻载悬垂衬垫末端时,容易导致衬垫颤振,称为突跳。一些轴承供应商的设计[2]在轻荷载端采用短圆弧长以避免衬垫颤振。其他一些使用整体衬垫-枢轴设计[3],以增加衬垫的固有频率,并减少突跳。柔性枢轴可倾瓦径向轴承如图 4.17 所示。

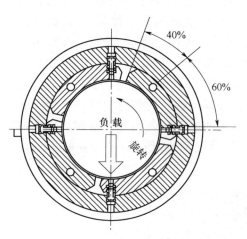 

图 4.16 前缘凹槽轴承　　　　　图 4.17 柔性枢轴可倾瓦径向轴承
　　　　　　　　　　　　　　　　（图片经沃克莎轴承授权使用）

图 4.16 所示的前缘凹槽轴承通过位于衬垫前缘的单个油入口供油。当冷却油通过一个衬垫并与进入相邻油垫的冷却油混合时，入口处的冷却油会变热。这使得前缘凹槽轴承比传统浸没式衬垫轴承运行时温度更低。因此，前缘凹槽轴承可以减小功率损失、有流量和油循环温度，也就具有更好的性能。

经验表明，3∶1 的垫轴比可以减少尾缘衬垫的凸出。在某些情况下，尾缘衬垫边缘要经过锥形加工，以清除配套轴颈的表面，防止突跳。

一些供应商在前缘油进口处采用高压喷嘴。其中一种结构如图 4.17 所示。

图 4.18 显示了轴承和轴颈的截面图，以简要介绍轴承组件中涉及的各种部件。

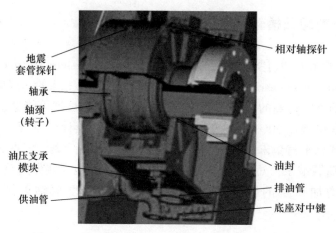

图 4.18　轴承和轴颈的截面图（由西门子公司提供）

4.9.2 双衬垫可倾瓦轴承

西屋电气公司在20世纪70年代早期设计出了双衬垫可倾瓦轴承类型,以更好地冷却轴承和改善转子稳定性。顶部外壳的特征看起来非常类似于黏度泵轴承,而轴承的下半部分经过修改后可容纳两个倾斜衬垫,如图4.19所示。这种轴承的优点是轴承稳定;在轴承的上半部分有更多的空间以实现更好的油循环,从而使这种轴承比其他衬垫轴承类型运行温度更低。一般来说,支座由钢制成,但是铜合金衬垫可用于改善高负载结构下油的热耗散,并降低轴承金属温度。

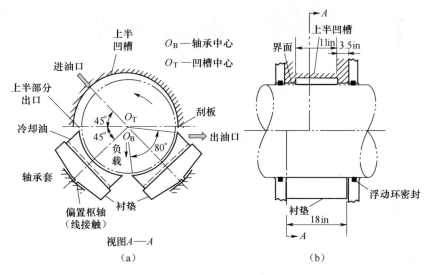

图4.19 西屋电气公司的带黏度泵上半部分的双垫可倾瓦电机轴承

4.9.3 三衬垫可倾瓦轴承

三衬垫可倾瓦轴承是一种可以承载更大载荷的特殊设计的轴承,这种类型的轴承可以通过衬垫支承和衬垫孔实现衬垫前缘直接润滑,坚固的衬垫设计也更易于组装,该轴承在适当的预荷载下可以提供更多的阻尼。应该注意的是,这种轴承所有的衬垫长度都不相等,如图4.20所示。

4.9.4 五衬垫可倾瓦轴承

五衬垫倾瓦轴承相比于四衬垫类型,可以提供更好的负载能力、更高的刚度和

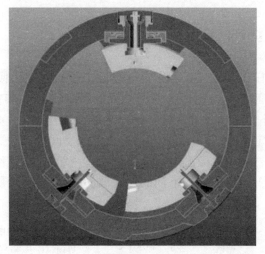

图 4.20 三衬垫可倾瓦轴承(由西门子公司提供)

更大的阻尼值。额外的衬垫通过轴颈的充分预加载来实现转子稳定,并提供更好的可操作性。图 4.21(a)所示的衬垫上的负载及图 4.21(b)所示的衬垫结构之间的负载用于解决各种操作情况。一般来说,实现转子更稳定运行条件的优选结构是根据需要保持前三个衬垫预载荷相等或不相等。如图 4.22 所示,"负载-衬垫"结构的底部衬垫的阻尼有所增加,而两侧衬垫则通过减少交叉耦合效应实现轴颈对中。

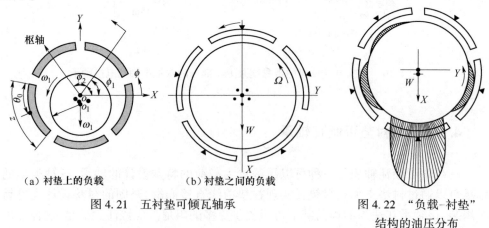

(a) 衬垫上的负载　　　(b) 衬垫之间的负载

图 4.21 五衬垫可倾瓦轴承　　　图 4.22 "负载-衬垫"结构的油压分布

4.9.5　六衬垫可倾瓦轴承

更多的衬垫可以更好地控制轴承内部的轴颈。例如,与四衬垫或五衬垫类型轴承相比,六衬垫轴承(图4.23)通过将轴颈向中心移动,可以提供更好的衬垫灵活性以便于稳定轴颈。六衬垫轴承的这一特性可以使转子在不均匀的蒸汽/燃气负载下运行达到稳定状态。已知有两种六衬垫的布置可以减小不平衡负载:一种是在衬垫之间的轴颈加载负荷,这种布置可能会增加油膜刚度,并使转子频率远离不稳定区域;另一种是在衬垫上加载负荷,从而增加油膜阻尼,并降低次同步频率响应。一般来说,前者是首选,因为它能在大多数工况下保持转子轴颈稳定,但是选择衬垫结构取决于要解决的问题。一些供应商的设计[4]通过采用长度不等的衬垫和适当的预加载,从而使预加载有效抗衡蒸汽的不平衡力。不等距衬垫轴承适用于因部分负荷运行而产生中等蒸汽涡流的汽轮机。

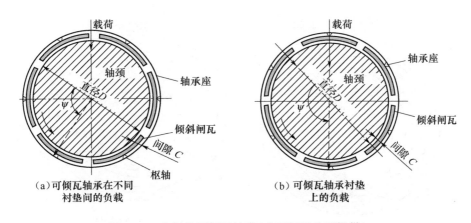

图4.23 六衬垫可倾瓦轴承(由西门子公司提供)

4.10 特殊类型轴承

特殊的轴承类型通常用于解决一些特殊的运行需要,包括控制轻度至中度的蒸汽/气体不平衡负荷。它们会导致轴承在垂直或水平方向上卸载。第一种做法是通过控制阀门的位置来减少不平衡载荷。第二种做法,即采用多瓦轴承,如6瓦或更多瓦数,通过使轴颈接近轴承中心进而控制轴颈位置。

4.10.1 挤压油膜阻尼器

沃克沙轴承商制造的挤压油膜阻尼器((Squeeze film damper,SFD,图4.24(a))是一个"轴承套轴承"结构。内轴承类似于圆柱型轴承,比较容易受油膜振荡影响,因此内轴承与外侧固定环一起悬浮在油中。当内轴承接近轴承套时,内轴承外壳和轴承套内表面之间的油会产生油膜压力,从而增加内轴承的阻尼。基本上,挤压油膜作用是由外侧轴承提供的,故得名挤压油膜阻尼器。挤压油膜阻尼器能够降低振动,通过将转子响应降低到可接受的水平,进而抑制敏感的临界转速。不稳定的内轴承可以借助于采用挤压油膜阻尼器设计的外轴承改善稳定性。然而,这种设计只解决或聚焦特定的动态工况。

在一些特殊的设计中[5],如图4.24(b)所示的一体式挤压油膜阻尼器(integrated SFD, ISFD)刚度和阻尼可以实现独立控制,这可以使挤压油膜阻尼器轴承的临界转速更高,并改善转子/轴承系统的动态稳定性。

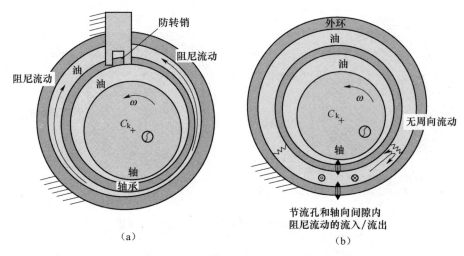

图 4.24 沃克沙轴承公司的挤压油膜阻尼器

4.10.2 磁(悬浮)轴承

如图4.25所示,用功率放大器不断地为磁轴承中的磁定子线圈供电,磁轴承则是利用磁能支承(悬浮)转子的轴承。众所周知,像转子这样的铁质对象会被由电磁铁(如缠绕在铁芯上的电线圈)构成的永磁体所吸引。当电磁铁通电时,转子就会被旁边通电的电磁铁吸引。借助于周围电磁铁所提供的恒定吸引力,转子可以悬浮于轴承内。

磁轴承应用于如化工、制糖、造纸业和工业透平等小型旋转机械。受制于载荷限制、备用轴承的额外成本、一般维护成本、可靠性及可用性等问题,大型透平一般不使用磁轴承。

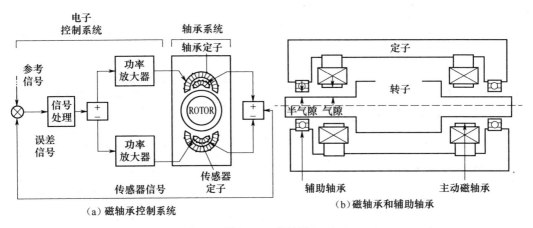

图 4.25 磁轴承

4.11 轴承类型比较

不同轴承类型及其油膜压力分布的对比如图 4.26 所示。在所有情况下,油膜压力曲线始终呈现抛物线分布,并遵循雷诺线性假设。然而,不同轴承结构的压力幅值也是不同的。

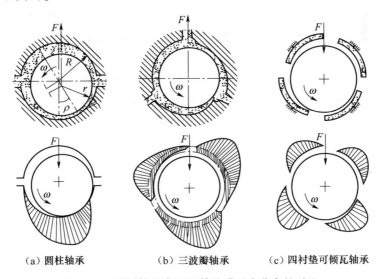

图 4.26 不同轴承类型及其油膜压力分布的对比

通常,不同类型的轴承根据其承载能力、油膜刚度和阻尼值的差异,其总体性能可以分为 1~10 级(10 为优,1 为差),如表 4.2 所列。

表 4.2　轴承性能的相对比较

轴承类型	承载能力	油膜刚度	阻尼值	备注
部分弧型或 VP 型	10	2	8	易受油膜振荡影响
椭圆	8	4	8	提高轴承金属温度
叶型	5~7	6	3~6	有限的负载能力
压力坝型	8	8	8	坝体在使用过程中可能会失效
四衬垫可倾瓦轴承	6	6	7	不能控制蒸汽/气体不平衡负载
五衬垫可倾瓦轴承	7	9	8	更好地控制不平衡蒸汽负荷
六衬垫可倾瓦轴承	8	8	8	整体稳定性控制更好

4.12　油膜轴承理论

油膜轴承对转子系统的临界转速、响应和稳定性等性能有着重要影响,因此其轴承特性就显得非常重要。油膜轴承通过挤压油膜效应为转子系统提供了主要的阻尼源。位于轴颈和轴承套之间的薄油膜,利用多个弹簧和阻尼器支承轴颈。目前已经有一些学者针对这个问题进行了广泛的研究。通过对有限的文献资料的整理[1-11],并相互参照,进而介绍油膜压力分布的基本数学方程,并从中导出轴承油膜系数。

采用流体动压轴承分析以确定既定几何形状轴承的承载力,并结合通用的线性雷诺方程以获得油膜压力分布,如式(4.1)和图 4.27 所示。

$$\frac{1}{R^2}\frac{\partial}{\partial \theta}\left(\frac{h^3}{12\eta}\frac{\partial p}{\partial \theta}\right) + \frac{\partial}{\partial x}\left(\frac{h^3}{12\eta}\frac{\partial p}{\partial x}\right) = \frac{1}{2}\omega\frac{\partial p}{\partial \theta} + \frac{\partial h}{\partial t} \qquad (4.1)$$

滑动速度项　　液压油膜速度
提供油膜刚度　提供油膜阻尼

参数说明如下。$p = p(\theta, x)$,为薄膜中某一点处的压强;h 为油膜厚度;η 为油的黏度;ω 为旋转角速度;x 为轴向坐标;θ 为周向坐标;R = 轴颈半径;C = 径向间隙;e 为轴颈中心和轴承之间的偏心率。

雷诺压力方程的假定如下。

(1) 油膜为层流的、不可压缩流动。

(2) 油膜压强不随油膜厚度变化。

(3) 油与轴承套之间的流动为连续性流动。

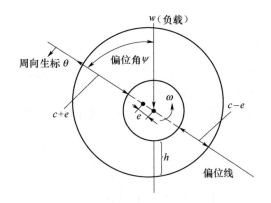

图 4.27 平面圆柱轴承参数定义

应该注意的是,油膜动力学特性只适用于小幅值的轴颈转动。因此,在线性转子动态评估中,转子频率(图 4.28)与实测值匹配得很好,但是其稳定性的对数衰减率和转子振幅可能不匹配,尤其是当转子振幅达到非线性油膜区时。

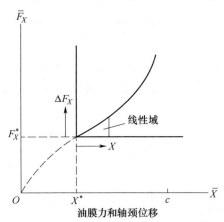

图 4.28 油膜力与轴颈位移的关系

转轴颈的剪切作用会在轴承中产生流体动压强,且合力与施加的载荷相反(图 4.27)。在任何的给定速度下,油膜反作用力是轴颈位置和瞬态轴颈中心速度的函数。

$$F_y = F_y(y,z,\dot{y},\dot{z},\omega), F_y = F_z(y,z,\dot{y},\dot{z},\omega) \quad (4.2)$$
$$h_0 = c + e \cdot \cos\theta$$

式中:h_0 为静态油膜厚度;e 为轴颈中心转动的偏心率,偏心距可以用转动幅值 Δz 和 Δy 来描述。结合静态平衡位置测量,任一位置处的动态油膜厚度可以

写为

$$h = h_0 + \Delta y\cos\theta + \Delta z\sin\theta \tag{4.3}$$

假设幅值很小,忽略高阶项的压强一阶展开式可以写为

$$P = P_0 + P_y\Delta y + P_z\Delta z + P_{\dot y}\Delta \dot y + P_{\dot z}\Delta \dot z \tag{4.4}$$

式中:P_0 为静态平衡条件下的油膜压强。

将式(4.3)和式(4.4)代入式(4.1),且只保留一阶项,可以得到以下5个方程。

$$\left[\frac{1}{R^2}\frac{\partial}{\partial\theta}\left(\frac{h_0^3}{12\eta}\frac{\partial}{\partial\theta}\right) + \frac{\partial}{\partial x}\left(\frac{h_0^3}{12\eta}\frac{\partial}{\partial x}\right)\right]\begin{pmatrix}P_0\\P_y\\P_z\\P_{\dot y}\\P_{\dot z}\end{pmatrix}$$

$$=\begin{cases}\dfrac{1}{2}\omega\dfrac{\partial h_0}{\partial\theta}\\[4pt]\dfrac{1}{2}\omega\left(\cos\theta - 3\dfrac{\sin\theta}{h_0} + \dfrac{\partial h_0}{\partial\theta} - \dfrac{h_0^3}{4\eta}\dfrac{1}{R^2}\dfrac{\partial p_0}{\partial\theta}\dfrac{\partial}{\partial\theta}\left(\dfrac{\sin\theta}{h_0}\right)\right)\\[4pt]\dfrac{1}{2}\omega\left(\sin\theta + 3\dfrac{\cos\theta}{h_0}\dfrac{\partial h_0}{\partial\theta} - \dfrac{h_0^3}{4\eta}\dfrac{1}{R^2}\dfrac{\partial P_0}{\partial\theta}\dfrac{\partial}{\partial\theta}\left(\dfrac{\cos\theta}{h_0}\right)\right)\\[4pt]\sin\theta\\\cos\theta\end{cases} \tag{4.5}$$

边界条件:轴承边缘处的压强为零。

当 $x = \pm l/2$ 时,有

$$\theta = \begin{cases}\theta_{1P}, P = P_0 = P_y = P_z = P_{\dot y} = P_{\dot z} = 0\\ \theta_{2P}, P = P_0 = P_y = P_z = P_{\dot y} = P_{\dot z} = 0\end{cases} \tag{4.6}$$

式中:l 为轴承的有效长度。

沿 y 方向和 z 方向的合力可以写为

$$\begin{aligned}\begin{Bmatrix}F_y\\F_z\end{Bmatrix} &= \begin{cases}F_{y0} + k_{yy}\Delta y + \cdots + C_{yz}\Delta z\\ F_{z0} + k_{zz}\Delta z + \cdots + C_{zy}\Delta y\end{cases}\\ &= \sum_p - 2\int_0^{l/2}\int_{\theta_{1P}}^{\theta_{2P}}P\begin{Bmatrix}\cos\theta\\\sin\theta\end{Bmatrix}R\mathrm{d}\theta\mathrm{d}x\end{aligned} \tag{4.7}$$

$$\begin{Bmatrix}F_{y0}\\F_{z0}\end{Bmatrix} = \begin{Bmatrix}w\\0\end{Bmatrix} = \Sigma - 2\int_0^{l/2}\int_{\theta_{1P}}^{\theta_{2P}}P_0\begin{Bmatrix}\cos\theta\\\sin\theta\end{Bmatrix}R\mathrm{d}\theta\mathrm{d}x \tag{4.8}$$

轴颈与油膜之间的剪切作用会产生流体动压强,且合力与施加的载荷相反。

油膜的阻力或反作用力可以通过轴颈位置 e 和 ψ 以及 Y 和 Z 平面上的位移和速度来评估，其数学描述如下。

将式(4.4)中的 P 代入得到

$$\begin{Bmatrix} k_{yy} \\ k_{yz} \end{Bmatrix} = \sum_P -2\int_0^{l/2}\int_{\theta_{1P}}^{\theta_{2P}} P_y \begin{Bmatrix} \cos\theta \\ \sin\theta \end{Bmatrix} R\mathrm{d}\theta \mathrm{d}x \qquad (4.9)$$

$$\begin{Bmatrix} k_{zz} \\ k_{zy} \end{Bmatrix} = \sum_P -2\int_0^{l/2}\int_{\theta_{1P}}^{\theta_{2P}} P_z \begin{Bmatrix} \sin\theta \\ \cos\theta \end{Bmatrix} R\mathrm{d}\theta \mathrm{d}x \qquad (4.10)$$

$$\begin{Bmatrix} C_{yy} \\ C_{yz} \end{Bmatrix} = \sum_P -2\int_0^{l/2}\int_{\theta_{1P}}^{\theta_{2P}} P_y \begin{Bmatrix} \cos\theta \\ \sin\theta \end{Bmatrix} R\mathrm{d}\theta \mathrm{d}x \qquad (4.11)$$

$$\begin{Bmatrix} C_{zz} \\ C_{zyz} \end{Bmatrix} = \sum_P -2\int_0^{l/2}\int_{\theta_{1P}}^{\theta_{2P}} P_z \begin{Bmatrix} \sin\theta \\ \cos\theta \end{Bmatrix} R\mathrm{d}\theta \mathrm{d}x \qquad (4.12)$$

轴承参数采用无量纲数表示，以方便在计算机代码中使用。

索默菲德数是一个无量纲数，即

$$S = \frac{\eta N D L}{w}\left(\frac{R}{C}\right)^2$$

$$\bar{k}_{yy},\bar{k}_{yz},\bar{k}_{zy},\bar{k}_{zz} = \frac{ck_{yy}}{w},\frac{ck_{yz}}{w},\frac{ck_{zy}}{w},\frac{ck_{zz}}{w}$$

$$\bar{C}_{yy},\bar{C}_{yz},\bar{C}_{zy},\bar{C}_{zz} = \frac{c\omega C_{yy}}{w},\frac{c\omega C_{yz}}{w},\frac{c\omega C_{zy}}{w},\frac{c\omega C_{zz}}{w}$$

式中：$\bar{k}_{yy},\bar{k}_{yz},\bar{k}_{zy},\bar{k}_{zz}$ 和 $\bar{C}_{yy},\bar{C}_{yz},\bar{C}_{zy},\bar{C}_{zz}$ 均为无量纲动力系数。

4.12.1 油膜动态系数

油膜刚度和阻尼系数的最终形式是由式(4.9)~式(4.12)同时沿轴承长度与轴颈直径方向的二重积分得到的。这些动态系数以无量纲形式导出，并与另一个无量纲数——"工况参数"或"索默菲德数"以图表的形式绘制。因此，可以根据轴承的几何和油膜参数，计算出适合不同结构类型的轴承的动态系数。

图 4.29 给出了可倾瓦轴承的油膜动态系数与索默菲德数(S)之间的关系[4]。类似地，无量纲轴承曲线可用于其他类型的轴承。

图 4.30 给出了由弹簧和阻尼器表示的 8 个油膜轴承动态系数。这些动态系数是由用上标"tt"表示的平移自由度(dof)引起的。在这 8 个系数中，其中 4 个代表油膜刚度，另外 4 个代表油膜阻尼。后缀 YY 是指轴颈在 Y 方向上受到相同方向的力发生位移而产生的直接系数。YZ 是指轴颈在 Y 方向上受到来自 Z 方向的力发生位移而产生的交叉耦合系数。类似地，下标 ZZ 和 ZY 分别表示 Z 方向上产生

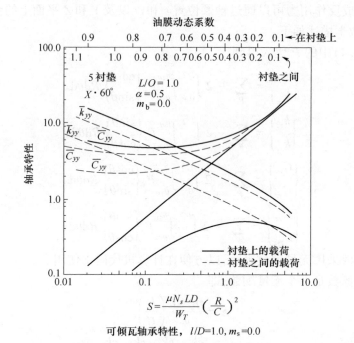

图 4.29 可倾瓦轴承的油膜动态系数与索默菲德数(S)之间的关系

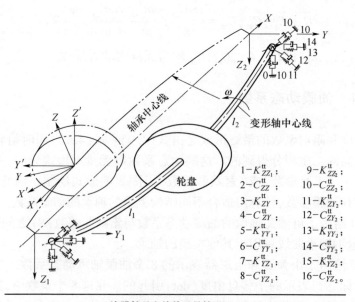

液膜轴承上的单质量转子

图 4.30 油膜轴承动态系数

$1-K_{ZZ_1}^{tt}$；　$9-K_{ZZ_2}^{tt}$；
$2-C_{ZZ}^{tt}$；　$10-C_{ZZ_2}^{tt}$；
$3-K_{ZY}^{tt}$；　$11-K_{ZY_2}^{tt}$；
$4-C_{ZY}^{tt}$；　$12-C_{ZY_2}^{tt}$；
$5-K_{YY_1}^{tt}$；　$13-K_{YY_2}^{tt}$；
$6-C_{YY_2}^{tt}$；　$14-C_{YY_2}^{tt}$；
$7-K_{YZ_1}^{tt}$；　$15-K_{YZ_2}^{tt}$；
$8-C_{YZ_1}^{tt}$；　$16-C_{YZ_2}^{tt}$。

的直接系数和交叉耦合系数。上标有"rr"的系数是由转动自由度引起的弯矩所产生的。一般来说,尽管它们很重要,但在叶轮机械设计中通常不予考虑。

4.12.2　轴承长径比 l/D

轴承按其尺寸可分为长轴承、有限轴承或短轴承。长轴承的长径比 $l/D>1$,而有限轴承的长径比 l/D 略低于 1。一般来说,短轴承的长径比 l/D 一般为 $0.35\sim0.7$。

轴承的有效长度通过测量轴承两端中心处排油孔之间的距离得到,如图 4.31 所示。通过减少排油孔之间的距离,有限长度轴承可以进一步制成具有合适长径比 l/D 的短轴承。

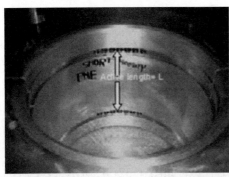

短黏度型
$L/D=0.58$

调整活动长度

有限黏度型
$L/D=0.8$

图 4.31　轴承有效长度(由西门子公司提供)

常用的轴承长径比 l/D 有以下三种。

(1) 长轴承的长径比 $l/D>1$,如 1.1、1.2 等。

(2) 有限轴承的长径比 l/D 略小于 1,如 0.8、0.9 等。

(3) 短轴承的长径比 $l/D<1$,如 0.35、0.4、0.58、0.62、0.7 等。

当轴承的有效长度减小时,其最大油膜压力会逐渐增加,相应的油压分布也会发生变化,如图 4.32 所示。

在图 4.32 中,一个长径比为 0.8 的有限轴承(图 4.32(a))被分为两个带有中间凹槽的、长径比 $l/D=0.35$ 的短轴承(图 4.32(b))。

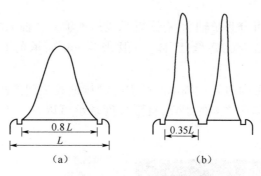

图 4.32 有限轴承和短轴承结构

为了消除圆柱轴承中的油膜振荡,可以在图 4.32(b) 所示的短轴承上面加工一个中间凹槽[宽度为 25mm,深度为 6.35mm]。这个中间凹槽也称为"油膜振荡槽",它将一个长度为 0.8L 的有限轴承(图 4.32(a))转换为油膜振荡槽两侧的两个长度为 0.35L 的短轴承。两个短轴承结构可以通过对长度为 0.8L 的有限轴承进行重新的巴氏合金化处理得到,处理过程中需加工一个宽度为 1in,中心深度为 0.25in 的凹台阶,并保持原有的排油槽位置不变。如图 4.32(b) 所示,改型后的油膜振荡槽会改变轴承的压力分布。从本质上说,轴承载荷由两个具有较大峰值压力的小轴承支承。该解决方案已被证明可以消除部分圆弧轴承中的油膜振荡。

4.12.3 油压支承腔

重载荷轴承通常会减少轴颈和轴承套之间的油膜厚度,特别是在低回转齿轮(turining gear,TG)速度时。在这种情况下,轴颈往往更接近边界油膜,并频繁接触轴承的巴氏体表面。为了消除频繁的轴承接触,需安装油压支承。具有高静压的油压支承可以将轴颈从边界膜附近提升出来,特别是在低转子转速时。图 4.33(a)为西屋电气公司使用的一种轴承油压支承系统。其他供应商使用的另外的油压支承结构也各不相同,其中一些结构如图 4.33(b)~(d)所示。

油压支承的另一个功能是抑制转子颤振,即轴承在非常低转速下出现的黏滑。低压透平最后一排长柔性转子叶片会发生由颤振引起的黏滑现象,并伴有明显噪声。如果不处理,那么反复发生黏滑现象可能会损坏低压透平叶片。

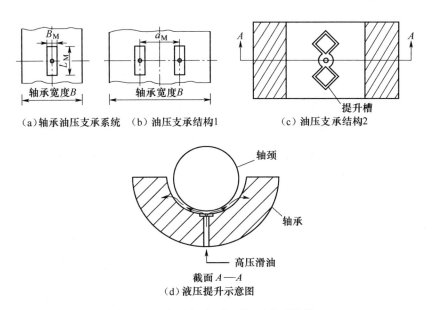

图 4.33 油压支承(由西门子公司提供)

4.13 转子失稳

转子稳定性可能会受到以下一种或多种因素的影响。
(1) 圆形轴承中的油膜振荡。
(2) 蒸汽负荷不平衡导致的蒸汽涡流。
(3) 不同轴结构引起的参数不稳定性。
(4) 摩擦引起的迟滞不稳定性。

(1)和(2)在叶轮机械应用中很常见,而(3)和(4)则很少见。因此,将对前两种因素进行更详细的讨论,以理解它们对转子振动特性的影响。

4.13.1 轴承内的油膜涡动/振荡

从本质上讲,油膜涡动是转子不稳定的开始(也称为自激),并可能导致油膜振荡,这是发生严重轴承损坏的极限工况。这两种情况主要是次同步涡动分量所导致的轴承卸载,而这种次同步振动主要是与油膜提供的有效阻尼力相反的占主导的交叉耦合力所引起的,如图 4.34 所示。

油膜涡动可以采用另一种方式来解释[12]。在特定的转子动态条件下(主要

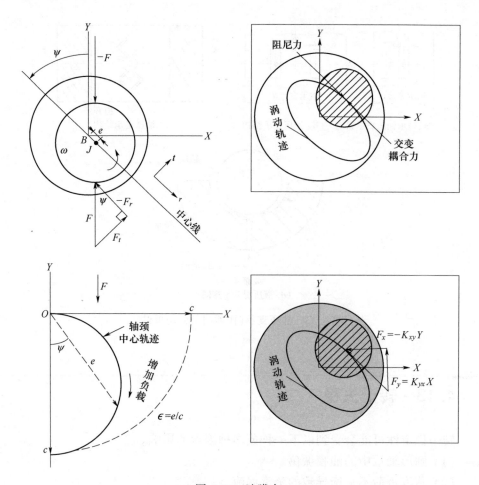

图 4.34 油膜力

是圆柱轴承和部分圆弧轴承),轴承载荷的增加会引起交叉耦合刚度的增加。当交叉耦合刚度值大于直接刚度值时,油膜中的剪切作用就会增强,进而导致转子涡动增强,并将更多的油泵入油膜的汇聚侧(图 4.35)。然而,油膜的发散侧不能以和汇聚侧相同的速度将油排出。这种不均匀的流动会在轴承内造成不稳定工况。为了改善这种不稳定工况,轴承会汲取更多的油到油膜汇聚侧,并形成更强的转子涡动。这个循环会持续进行下去,且最小油膜厚度也会随着转子转速的增加而不断减小。这就是油膜涡动的开始。

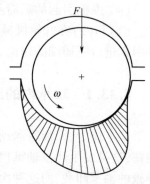

图 4.35 油膜涡动现象

随着转子涡动的增加,这种不稳定状态也随之增强。这种效应可使转子获得更多的能量趋于更加失稳。这种工况称为轴承内的自激现象。自激现象将轴颈推入薄油膜边界,最终使油膜破裂,并对轴承造成灾难性损害,即油膜振荡。

4.13.2 蒸汽涡动

蒸汽或气体涡动是另一种类似于油膜涡动的、自激现象引起的转子不稳定现象。然而,在这种情况下激发源是不平衡的蒸汽/气体力,且发生在部分蒸汽进入喷嘴室的时候。当蒸汽以全周方式进入时,蒸汽力是平衡的,而在部分周向范围进气时,会造成蒸汽力的不平衡,如图 4.36 所示。不平衡蒸汽力就会倾向于将转子明显推向机匣的一侧(偏离另一侧),进而导致转子与机匣之间的周向间隙出现非均匀性。这种情况与油膜内轴颈的特性非常相似。在这种工况下,转子涡动会将转子推入自激状态,进而使转子失稳。对于由两个轴承支承的转子,蒸汽涡动效应会产生不均匀的弯矩,从而在整个跨度上导致其中一个轴承发生卸载,而另一个轴承的载荷反而增加。蒸汽涡动问题与油膜涡动非常相似。

如图 4.36 所示,当不平衡的蒸汽/气体载荷(主要是部分蒸汽进入)使叶片转子发生偏心移动时,就会在周向环形空间中产生不相等的间隙,这会导致在支承转子的轴承上产生不平等的载荷。轴承轻载的一侧出现卸载,很容易发生自激现象。

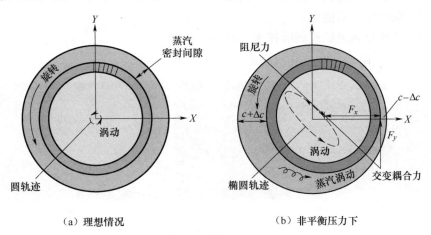

(a) 理想情况　　　　　　　　(b) 非平衡压力下

图 4.36　蒸汽涡动图

本节简要讨论了蒸汽涡动的技术背景。

迷宫密封[13-17]用于蒸汽/燃气轮机以控制和最小化密封段的泄漏流量,进而保持整级的流量和压力。进、出口级的级压差 ΔP 是产生径向高涡动速度的原因。级压差 ΔP 越高,对应的涡动速度也越大。在部分周向进气工况下,进气涡动速度的增大会在叶片转子周向产生不均匀的蒸汽力,而工作流体介质的不平衡力也会将相应的不均匀载荷施加在轴承上。与油膜阻尼减小有关的轴承卸载端会加剧转子振动趋势。而轴承承载端的金属温度会增加,并使转子的振动减小。对于图 4.37 所示的高压透平,位于控制级的旋转密封处通常会出现较高的蒸汽涡动速度。

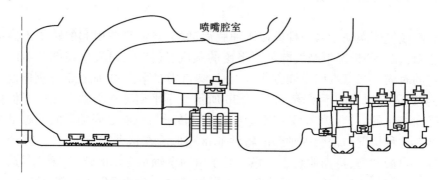

图 4.37　高压转子控制级的密封入口区域(由西门子公司提供)

当防涡动叶片安装在密封入口区域的前面时,可以显著降低蒸汽入口速度,并抑制蒸汽涡动。在蒸汽机中安装防涡动导流板和流动阻挡的潜在位置如下:

(1) 在控制级旋转叶排密封的前面。
(2) 在喷嘴室的前面。
(3) 在叶片通道的旋转叶排密封的前面。

图 4.38 为防涡动叶片和流动阻挡的一部分。

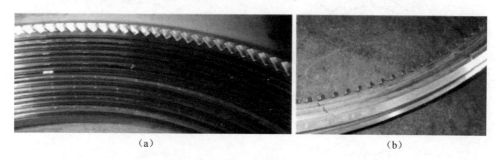

图 4.38　防涡动叶片和流动阻挡

在横向转子动力学分析中,利用复模态分析(见 2.4.5 节)通过计算对数衰减来评估转子稳定性是很重要的。在转子动力学模型中,可以在合适的密封位置施加相应的密封动态系数(如油膜系数)。

对由高压转子和低压转子组成的转子系统进行蒸汽涡动计算,如图 4.39 所示。高压密封域位于高压透平3号和8号站之间,高压轴承位于2号和9号站。低压轴承位于10号和11号站。低压透平的压差相对较低,不参与蒸汽涡动。计算表明,高压转子的次同步谐振模态在2118CPM(35.3Hz)[①],且负阻尼(对数衰减率)为-0.0163时,计算得到的转子转速为3600r/min。高压转子的涡动类型如图4.39所示。通过安装防涡动叶片和流动阻挡,可以解决这种情况下的蒸汽涡动。

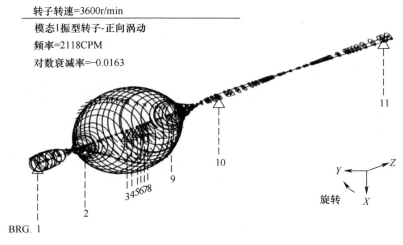

图4.39 蒸汽涡动模拟

当透平安装后出现蒸汽涡动时,添加防涡动叶片和/或流动阻挡需要打开透平外壳。考虑到成本和停机时间等因素,用户一般不选用这种方法。在这种情况下,可以采用更多的自对中、预加载六衬垫可倾瓦轴承来改善转子的不稳定状况。

4.13.3 关于自激振动的讨论

通常,转子绕其几何轴旋转,并围绕其静力平衡位置发生涡动。对于一个对某一种自激机制(油膜涡动或蒸汽涡动)比较敏感的转子系统来说,转子的旋转速度和涡动速度同步进行,直到二者达到敏感的次同步频率。一旦转子达到转子频率(通常为转子第一临界转速),涡动就会锁定在该频率,且旋转速度和涡动速度也会在这个频率发生分离。当转子自行旋转至额定转速时,转子频率的幅值就会不断增加。涡动振幅增长过程如图4.40所示。在振动谱中可以观察到主要的次同步振动在增加。在最坏的情况下,次同步振动分量可能会超过机组停机限制,转子在采取适当的缓解措施之前不可再工作。

---

① 1CPM=0.01667Hz。

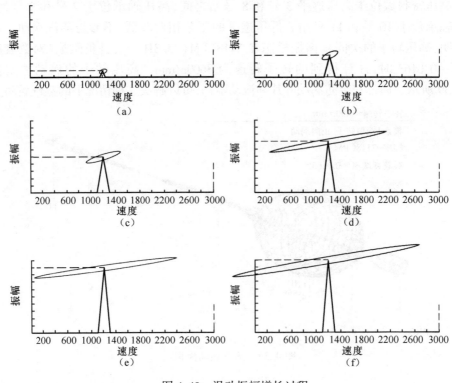

图 4.40 涡动振幅增长过程

4.14 止推或轴向轴承

在透平中,设计轴向轴承或止推轴承的目的主要是保持转子和静止组件之间的轴向间距或轴向位置。

如图 4.41 所示,装配后的止推轴承完全密封在保持架内。油通过底部的两个进油孔流入,沿径向流向止推环,并由外壳底部沿周向排出。从本质上讲,离心力驱动油通过由衬垫和止推环构成的环形空间,并覆盖整个推力保持架。一些供应商在每个单独衬垫片的前缘设计进油口,如前面讨论的前缘凹槽径向轴承设计。保持架两端的油封环控制泄漏流量。

轴向轴承的尺寸应能承受蒸汽或气体介质产生的不平衡推力载荷。此外,它们的设计还需承受运行中的可变推力载荷条件。因此,它们也被称为"止推轴承"。在某些应用中,径向轴承和轴向轴承组合在同一个轴承保持架内。

止推轴承和径向轴承内油膜的形成是相似的。固定式和旋转式可倾瓦推力轴承示意图如图 4.42 所示。推力 W 为转动部件(止推环)上的载荷,N 为转子转速,

U 为油的循环流动速度,h_1 和 h_2 均为油泄漏的两个端区间隙。

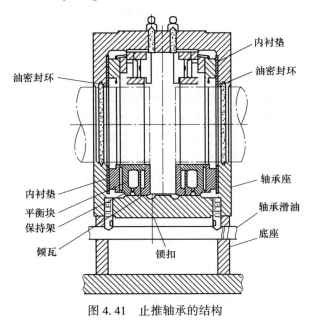

图 4.41　止推轴承的结构

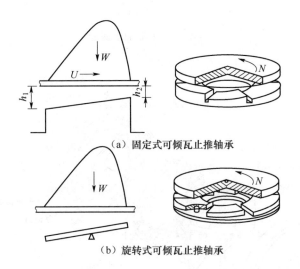

图 4.42　止推力轴承示意图(由西门子公司提供)

轴承系统的总柔性由油膜、轴承支座和油缸底座的一系列柔性组合所构成。如果轴承支座比油膜和油缸底座的硬度还大,那么对总刚度影响不大。作为一项准则,支承刚度最好能达到 $1\times10^8 \mathrm{lb/inch}$。

对于柔性轴承的设计,还有一个附加的支承挠度设计准则。在施加静载荷时,装配体发生的挠曲不应使轴承的径向间隙减小量超过其名义值的20%。

止推轴承的构成如图4.41所示。止推轴承由若干静止的、一侧面向轴承环(这是转轴的组成部分)的巴氏体衬垫片段组成。止推垫载荷分布如图4.42所示。所有衬垫的大小和形状均相同。一个止推轴承通常包含至少6个衬垫,而最大的衬垫数则取决于轴承的尺寸。每个衬垫都可以围绕枢轴自由倾斜,枢轴是位于衬垫后面的一个硬化球面。衬垫在周向和轴向都可以自由倾斜,从而可以为轴承提供必要的流体动力润滑。垫片位于一系列上部调平块上,这些调平块将推力载荷均匀地分布在轴承周围。下调平块支承上调平块,并将总负荷平稳地传递到保持环架。止推轴承的截面和剖视图如图4.44所示。前缘凹槽止推轴承由金斯布里公司制造,不同于西屋电气公司的油膜轴承底部只有一个进油孔,它的衬垫之间建有多个供油孔。

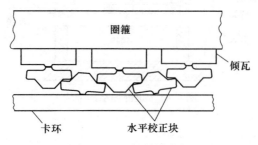

图4.43 止推轴承截面

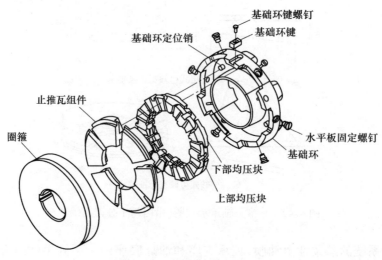

图4.44 止推轴承部件分解图

衬垫由一系列杠杆(或调平块)来支承,如图4.43所示。由于这种杠杆布置,即使轴承不垂直于旋转轴,或者衬垫的厚度不相等,每个衬垫将在摩擦限制内也承受相同的载荷。轴承环的反面采用相同的布置,允许轴承在任意方向上承载负荷。

西屋电气公司在几乎所有情况下所采用的设计,都是通过给包裹轴承的腔室提供油膜来润滑的。止推轴承部件分解图如图4.44所示。由于承压的油在轴承外环和衬垫之间流动,因此这些区域会产生附带的(剧烈的)功率损失。

4.15　基于轴颈轴承的油膜轴承问题症状

轴颈轴承的特征包括在最小油膜位置测量的轴承温度(通常称为"轴承金属温度"),这是最重要的参数,它是反映轴承问题症状以及与之相关的转子振动的最重要的参数。连续监测轴承金属温度可认为以下问题提供线索。

(1)轴未对中。偏离原设计改变轴对中可能会改变轴承内的轴颈位置。这可能会使轴颈位置远离或朝向与轴承卸载或加载相关的热电偶。当转子负荷增加时,油膜厚度随油膜压力和温度的增加而减小。当轴颈远离热电偶时,轴承通常会卸载,金属温度下降。卸载轴承通常会降低油膜阻尼,并增加转子振动。对于负载轴承,会观察到相反的效果。

(2)轴跳动。由固定端轴承支承的悬臂轴的轴跳动过大,会使轴颈在低转子或回转齿轮(TG)转速下接近边界膜。轴颈弯曲会导致轴承金属温度升高。转子持续运行在这种工况下,每次转子在启动或减速阶段通过临界速度时轴承温度都会被放大。在低转子速度(300~500r/min)下测得的慢滚动矢量可以提供轴的跳动量。

(3)轴承载荷变化。①某类汽轮机因冷凝器压力变化而产生的真空偏差使得低压轴承卸载。真空负载效应通常在运行速度为3000/3600r/min的化石类低压透平中较为常见。②在高压透平中,部分圆周蒸汽进气负荷会根据合力负荷方向在轴承上不均匀地加载和/或卸载。③在半转速机械(1500/1800r/min)中,柔性低压轴承的钢支座在使用中可能会退化,导致振动加剧。在这些情况下,空载轴颈在轴承间隙内向上移动,并增大了最小油膜厚度,这可能会降低阻尼和轴承金属温度。

(4)油膜涡动。在油膜涡动过程中,油膜的阻尼会降低(由于主导性的交叉耦合刚度),从而增加转子的次同步振动分量,并降低轴承金属温度。卸载轴承易受油膜的涡动和/或振荡的影响。

(5)蒸汽涡动。当蒸汽不平衡力占主导地位时(在部分周向进气运行期间),它们会将能量转移到油膜轴承。这可能会导致其中的一个轴承卸载,进而增加转子振动,并降低轴承金属温度。蒸汽涡动只影响高压透平的轴承。

(6) 转子质量不平衡量过大。当质量不平衡力超过名义残余水平时,会对油膜阻尼产生反作用。当不平衡力克服阻尼时,转子一阶振动增加。其他相关症状是由轴承卸载引起的金属温度降低。

(7) 油膜气蚀。油膜气蚀是由于轴承上半部分的瞬时快速压力变化,使循环油从液相转变为气相。这种现象罕见,系统会在连续运行过程中回避这种情况。当轴颈达到边界膜时,在更重的负载下可能会发生气蚀,并导致巴氏合金材料的疲劳损伤。解决这种情况的有效措施之一是增加受影响轴承的供油压力。

(8) 放电现象。由于接地故障或电气接地绝缘失效,轴承内可能发生放电,这可能导致轴颈表面或接触到地面的衬垫发生变色。接地可能导致轴颈和轴承表面点蚀。缓解措施包括检查接地刷的状况,并在其严重损坏或失效时及时更换。

(9) 油膜温度升高。油膜温度升高可能会导致巴氏合金或衬垫材料疲劳、蠕变和轴承表面点蚀。缓解措施是对轴承表面进行再巴氏化处理。

4.16 基于止推轴承的油膜轴承问题故障特征

止推轴承的金属温度(在最小油膜厚度处测量)、进油口和排油口温度是机械问题的主要故障特征。下面列出一些常见特征。

(1) 止推轴承主动侧(推力端)和被动侧(非推力端)的衬垫金属温度提供了运行机组推力负载条件的特征。衬垫热电偶面向两侧的推力环安装,以提供推力端和非推力端的温度。测量到的金属温度升高表明以下一种或多种情况:①高温侧的轴向推力高;②调平块有磨损或过度磨损,可能导致其功能失效;③推力保持架变形;④轴承缺油等。

(2) 油流量或油压不足可能是止推轴承温度升高的原因。检查进油/排油温度是否有线索。将喷嘴开口转动1~2圈以容纳更多滑油。同时建议检查油滤是否有污染物和固体颗粒等。频繁的滑油冲洗可以解决此问题。

4.17 小结

本章讨论了以下内容。

(1) 支座刚度与油膜刚度(弹簧串联)相结合,使转子系统具有灵活性。
(2) 接触式轴承、非接触式(油膜)轴承和磁轴承的优缺点。
(3) 静压轴承在所有转子转速下采用恒定的进油压力,也被用作油压支承,在低转速的重载支承条件下保护轴承和轴颈表面。

(4) 非接触式(轴颈浮动在轴承内,无金属对金属的接触)动压轴承,具有更好的负载性能和更长的使用寿命,可应用于叶轮机械。

(5) 在所有的轴承类型中,部分圆弧轴承可提供最大的阻尼和更好的承载能力。然而,由于交叉耦合刚度引起的自激效应,它们很容易受到油膜涡动的影响。因此,它们可用于核动力系统中的重型低压透平转子。

(6) 可倾瓦轴承(如3、4或5个)可消除油膜涡动引起的自激问题。然而,它们不适合消除蒸汽涡动引起的自激问题。

(7) 多倾瓦轴承在轻微和/或中等蒸汽涡动条件下,通过适当对齐的倾瓦预加载可提供更好的稳定性。

(8) 防涡动叶片和流动阻挡可消除蒸汽涡动造成的转子不稳定性。

(9) 特殊类型的挤压油膜阻尼器轴承可以解决其他轴承类型不适合或需要额外阻尼的特定或独特运行条件下的问题。然而,在选择之前需要进行研究。

(10) 止推轴承可用于在透平中工作流体产生的推力不平衡负载作用下的转子轴向控制和定位。

(11) 针对径向轴承和止推轴承,讨论了轴承故障的一般特征、可能的原因和可能的解决方案。

参考文献

[1] Lund J. (1966) Self-excited, stationary whirl orbits of a journal in a sleeve bearing. PhD thesis, Rensselaer Polytechnic Institute, Troy, NY.

[2] Lund J W. (1965) Stability of an elastic rotor in journal bearings with flexible, damped supports. J Appl Mech 911–920.

[3] Glienicke J, et al. (1980) Practical determination and use of bearing dynamic coefficients. Tribol Int 197–207.

[4] Vance M J. (1987) Rotordynamics of turbomachinery. Wiley.

[5] Subbiah R, Bhat R B, Sankar T S. (1986) Rotational stiffness and damping coefficients of fluid film in a finite cylindrical bearing. ASLE Trans 29(3):414–422.

[6] Nicholas J C, Gunter E J, Alaire P E. (1977) Stiffness and damping coefficients for the five-pad bearing. In: Presented in ASLE lubrication conference in Kansas City, 3 Oct 1977, pp 50–58.

[7] Morton P G. (1974) The derivation of bearing characteristics by means of transient excitation applied directly to a rotating Shaft. In: IUTAM symposium, dynamics of rotors, Lyngby, pp 350–379.

[8] Salamone D J. (1984) Journal bearing design types and their applications to turbomachinery. In: Proceedings of thirteenth turbomachinery symposium, pp 180–190.

[9] Ehrich F F. (1999) Handbook of rotordynamics. Krieger Publishing Co. Inc.

[10] Adams M L. (2001) Rotating machinery vibration. Marcel Dekkar Inc., New York.

[11] Gross W A, et al. (1980) Fluid film lubrication. Wiley.
[12] Muszynska A. (1986) Whirl and whip—rotor/bearing stability problems. J Sound Vib 110:443-462.
[13] Alford J S. (1965) Protecting turbo-machinery from self-excited rotor whirl. Trans ASME J Eng Power 333-334.
[14] Childs D, Kim C H. (1986) Analysis and testing for rotor dynamic coefficients and leakage: circumferentially grooved seals. In: Proceedings of second IFToMM international conference on rotor dynamics, Tokyo, pp 609-618.
[15] Dietzen F, Nordmann R. (1987) Finite difference analysis for the rotor dynamic coefficients of turbulent seals in turbo-pumps. In: ASME FED, symposium in thin fluid films, vol 48, pp 31-42.
[16] Iwatsubo T, Iwasaki Y. (2002) Experimental and theoretical study on swirl braked labyrinth seal. In: Proceedings of sixth IFToMM conference on rotor dynamics, Sydney, vol II, pp 564-571, Sept 2002.
[17] Banckert H, Wachter J. (1980) Flow induced spring coefficients of labyrinth seals for application in rotor dynamics, vol 2133. NASA Conference Publication, pp 189-212.

第5章
转子平衡的概念、建模及分析

5.1 引言

前4章重点讨论了应用于叶轮机械的转子动力学特性、钢基固定轴承支座结构性能、影响叶片-盘频率的转子和叶片机械耦合效应以及液膜的详细建模和计算。所讨论的上述特性不计大小均可用于所有旋转机械,旋转机械中另一个重要的性能参数是残余不平衡量和转子的平衡状态。在转子的长期运转过程中,根据哪些技术参数判定转子逐渐进入失衡状态并最终发生失衡是十分重要的。本章围绕上述问题,通过实际工程案例阐述转子的平衡问题。

5.2 概述

第1章曾在转子建模的初步讨论中提及转子平衡,但未进行深入讨论,本章专门讨论制造工厂与工程现场所涉及的转子平衡方法。在发往现场进行安装之前,转子必须进行出厂平衡调试以满足相关标准(ISO 20816)的技术要求。除了出厂平衡调试之外,转子轴系因存在制造或装配误差还需要额外的平衡调试。本质上,转子平衡调试主要是在设备正常转速和临界转速下将因残余质量不平衡所引起的激振力降至最低。

在转子动力学模型中,质量不平衡(有时也称为失衡,这两个术语均表示相同的转子工况)要素被用来模拟放大转子响应以识别其临界转速。转子中存在的质量不平衡会引起转子振动幅值增大,因此学习掌握有助于降低转子激振力的多种转子平衡方法是很重要的,转子激振力的降低同时减小了转子的振动。转子平衡主要用来减小1×振幅,但它并不是降低由油膜涡动和蒸汽涡动/气膜涡动所致的同步自激次谐振(1/2×)分量及更高振动阶数(2×,3×,…)的正确方法。

5.3 转子为何需要平衡

众所周知,转轴偏心量增大是引起转子质量不平衡的主要因素。转轴偏心量定义为转轴几何中心与质量中心之间的偏差量。转轴的跳动放大了转轴的偏心量。两者之间的偏差量越大,则转轴的偏心量也越大。当偏心转子转动时,其随转速 ω 产生离心力 $me\omega^2$,这就是引起转子振动的转子不平衡力。

转子加工、装配和对中的过程中所产生的误差会引起转子偏心量的单一误差或误差累积。此外,透平叶片的质量变化加剧了质量不平衡。以电机转子为例,转子不平衡量也会因定子线圈加工区域补偿不当而上升,也会引起 2 倍频率振动分量。转子平衡本质上使得转轴的质量不平衡量减少,最终降低转子振动。

5.4 平衡的基本方法

轴平衡的简单方法是低转速下的静平衡。实际上,轴的径向偏心量可通过低转速下获得的慢速滚动向量图来进行研究。例如,对于图 5.1(a)所示的双盘转子,圆盘质量不平衡量位于其上止点(TDC)相同角度(或相位)位置处。将这种处于不平衡状态的转子放在位于轴两端的刀口支架上时,转子在重力作用下会随不平衡量转动至下止点(BDC)。转子的这种状态就是所谓的"静平衡"。当等量的平衡质量被置于圆盘当前不平衡位置的 180°对面处,转轴处于静平衡状态;此后其在任意位置均保持静止而不会转动。这种做法通常用来平衡转子的一阶频率(U形)。

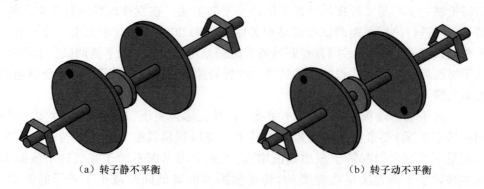

(a) 转子静不平衡   (b) 转子动不平衡

图 5.1 转子的静不平衡和动不平衡

与此类似,图 5.1(b)展示了转盘平衡质量互为 180°相位差的动不平衡简单实例。转子只在同时采用平衡质量与相对相位角位置时才会平衡,而不似静平衡那样直接将平衡质量置于不平衡位置的相反位置。这种形式的平衡就是所谓的"动平衡",与在第3章讨论的平衡转子二阶或S形模态非常相似。

5.5 转子分类

通常,转子可分为刚性转子和柔性转子。

5.5.1 刚性转子

刚性转子的定义是设备运行转速或额定转速小于某个频率的转子。对于转子的一个频率即转子的一个模态,质量不平衡可通过两个平衡面来进行校正。如果 n 为转子模数,那么用来平衡转子的平衡面为 $n+1$。本质上,两个平衡面就足以保证刚性转子平衡。然而,转子通过设计需要实现高至125%运行转速的完全平衡。对于第3章所讨论的低压转子,动态模态或转子二阶临界频率降至125%转速范围以内。因此,需要额外增加平衡面来实现转子动/静平衡频率或模态,以保证超速运行时叶片根部与转子尖锥外形完全贴合,这是典型的出厂前高速平衡。然而,就现场平衡而言,这些设备属于刚性转子的范畴,因而现场平衡时可采用两端的平衡面来进行额外的平衡。热弯曲常出现于长期运行的高温转子。由于存在静态模态下的质量不平衡量,极度的热弯曲引起转子振动加剧。这种情况下,需要在现场平衡中应用中间平衡面。

5.5.2 柔性转子

柔性转子在达到运行转速之前有不止一个频率需要平衡。例如,(应用于石化机械的)全速低压转子在额定转速之前通常有两个临界转速。因此,其通过静平衡与动平衡条件来进行平衡,且需要超过两个以上平衡面来平衡转子。对于这种类型的柔性转子,质量不平衡不能仅靠低速平衡方式来进行校正。因为低速平衡有助于单一频率的平衡,而对于同时出现的两个频率的平衡无作用。因而,这些转子出厂前需要经高速平衡,而在总装现场可能需要额外的平衡调试。它们必须拥有至少3个平衡面来平衡转子。有时,还需要在柔性转子上创建额外的平衡面,以满足特殊的平衡需求。

5.5.3 平衡方法

两种用于转子平衡的基本方法包括影响系数法和模态平衡法。模态平衡法并不常用于实际工程中,在此主要讨论影响系数法在转子平衡中的应用。

转轴偏心量是转子平衡的关键参数,平衡工程师的目标是降低质量偏心量并决定是否需要进行静平衡或动平衡。本章所涉及的这些关键点提供了深入理解转子进行平衡工作的技术基础;所涉及的技术与方法大多用于具有特殊需求和异常的情况。然而,近半个世纪以来其已成功地用于成千上万透平电机轴系(T-G)的平衡。

首先,平衡转子方法以对向量基本理论的理解为基础。向量增加了额外的一个维度,如力或速度的方向。向量必须有方向和大小,绘图时还需要采用极坐标系,这里所采用的极坐标系统具有 0°~360°的角度位置(图 5.2),这些角度位置用来定义极坐标图中从原点开始的向量方向。振动向量的幅值将用于加速度、速度和位移的测量。本章将在后面予以详细解释。

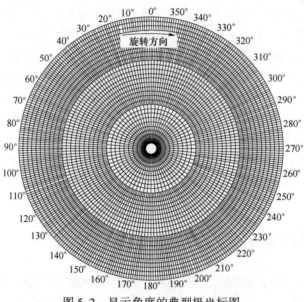

图 5.2 显示角度的典型极坐标图

5.6 透平电机传动轴系的实用现场平衡

在深入讨论转子平衡之前,理解与之相关的诸多基础理论是十分重要的,这些理论基础将在后面的章节中予以讨论。

5.6.1 振动测量

振动有两个主要的数据处理方式:未滤波数据和滤波数据。大多数设备的监控系统采用未滤波的数据,即原始振动数据。未滤波的振动是在给定的频谱范围内所有振动谐波或频率分量的总和。未滤波振动的问题在于,由于其包括所有频率的总和,因此只给出振动幅值,却无相位角位置。为平衡转子,幅值与方向都是必需的。为了获得这些信息,需要第二种形式的数据,即滤波数据。信号按特定频率进行过滤,并忽略所有设置频率之外的其他频率。由于透平发动机转子轴系运行频率中最重要的频率分量是1阶振动分量,通过在运行转速频率中滤出的窄带波段就可以确定该波段振动的具体幅值。

当偏心质量绕转轴中心旋转时,就会发生不平衡。偏心质量的位置通常被称为配重点。这会导致转子每转一次(1×)振荡,从而产生振动。为确定转子上配重点的角度位置,在测量的振动与转子位置之间需要设置一个参考系统。

目前,最常用的工业技术是参考信号与振动信号的结合应用。这种应用中,凹槽、键槽、键、反光带或转子上的标记均可作为参考点。该参考点与位移计、光学转速计、激光转速表联用以便产生每圈触发一次的脉冲信号,每转一次的信号脉冲,就是所谓的参考信号,如此即可测得参考信号与源自测振探头第二信号之间的时序。振动信号是在最大振幅(S-max)与最小振幅(S-min)之间振荡的正弦波,由参考信号朝向最大振幅振动信号的逆测量将会得到以角度计量的角度位置。这个角度位置称为相角,被认为是参考信号的延迟。

下面给出了两个实例,如图5.3所示。图5.3(a)展示了参考信号延迟90°的相位,图5.3(b)展示了参考信号延迟270°的相位。需要注意的是,脉冲测量信号来自参考信号的前缘。这是转子或转轴的实际起始点,具有0°相位角。当直径较大转子上的槽口、标记或反光带宽度相对较窄时,槽口或反光带的参考信号角度位置几乎没有发生变化。

对于较小直径且具有较宽槽口、标记或反光带的转子,角度位置可能会存在较为显著的差异,这种差异取决于参考点测量的位置。例如,如果转子直径为30in,那么其周长约为94.25in。为确定每英寸所对应的弧长度数,用360°除以周长94.25in,所得结果为3.82°/in。如果所使用的槽口、标记或反光带的基准为1in,那么沿其宽度随机选取任意位置作为参考零点所引入的最大误差为3.82°。

反之,如果直径10in的转子采用同样尺寸的槽口、标记或反光带,所引入的最大误差为11.46°,所对应转子或转轴的周长约为31.42in。这将使得作为参考信号测点的相同尺寸槽口、标记或反光带具有11.46°/in的宽度。为尽可能减少此类引入误差,始终以前缘作为零位参考点是十分重要的。

转轴振动的测量参数可以是加速度、速度或位移。加速度通常用均方根(RMS)的形式表示,也可表示为P-P或0-P的形式。速度通常表示为均方根或峰值(0-P)的形式。位移大多表示为P-P形式。期间的差异由测量的波形数目来确定。P-P采用由最小峰值至最大峰值的全波形垂直测量方式。峰值(0-P)则采用从零至最大峰值的垂直测量。均方根则为定义连续波形的函数平方的平方根。大多数情况下,均方根可通过将峰值(0-P)的数值乘以 0.707 来近似。不同测量参数之间的比较如图 5.4 所示。测量参数的选择由回放的波形数据决定。如果信号中存在大量的错误峰值,那么选择均方根表达式是合理的。

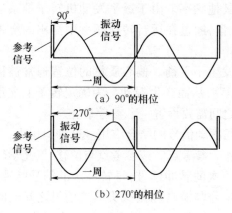

图 5.3 参考相位角

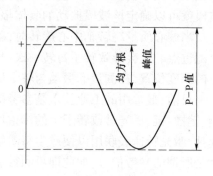

图 5.4 振动测量

充分理解加速度、速度与位移信号之间的相互联系是十分重要的。速度可通过对加速度的积分得到。同理,位移可由速度信号的积分获得。加速度的双重积分可得到位移。下面的公式简化了积分的严密性。

定义的变量:A 为以 $g(in/s^2)$①为单位的重力加速度;V 为速度(in/s);②D 为位移(mil);g 为万有引力常数 $386in/s^2(980mm/s^2)$;f 为频率(Hz)。

PI = 3.1415

$V = PI \times (f \times D)$

$V = 61.44 \times (A/f)$

$A = 0.511 \times (D \times f^2)$

$A = 0.0162 \times (V \times f)$

$D = 0.3183 \times (V/f)$

$D = 19.75 \times (A \times f^2)$

为在加速度、速度与位移之间变换相位分量,每次振幅变换时需加 90°。例如,当加速度转换为速度时,相位角增加 90°。如图 5.5 所示,加速度起始相位为 90°,则当变换到速度时,会存在 90° 的角位移,相同的角偏移同样适用于位移计算。

---

① $1in/s^2 = 0.0254m/s^2$

② $1mil = 0.0000254m$。

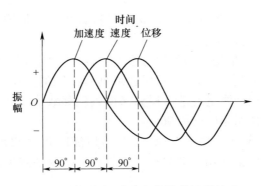

图 5.5　加速度、速度与位移的波形关系

5.6.2　不同振动分量

振动分量之间的联系是更好理解平衡概念的关键。振动有 3 个分量:绝对振动、基础(地源震动)振动和相对振动[1-2]。绝对振动(也称为转轴绝对振动)是所测的由转子到自由空间的振动。基础振动(也称为壳体/轴承振动)是所测得的由轴承结构向自由空间的振动,而相对振动(也称为转子振动)是所测得的转子与轴承之间的振动。这些分量间的联系可用向量方式定义。当基础振动叠加至相对振动时,就可最终获得绝对振动。同理,从绝对振动向量减去基础振动向量或相对振动向量,则得到缺失的振动向量分量。具体如图 5.6 所示。

绝对振动向量−基础振动向量=相对振动向量
绝对振动向量−相对振动向量=基础振动向量
基础振动向量−相对振动向量=绝对振动向量

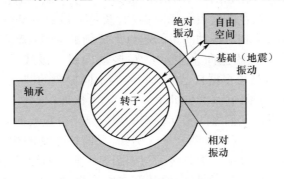

图 5.6　振动分量之间的联系

上述关系只有当振动数据沿转子长度方向的同一轴向和径向平面上采集时才有效。如果不能采用源自同一轴向和径向平面的读数,就会造成振动数据失真,并在计算中引入误差。径向变化小于 10° 和轴向变化小于 6 英寸通常是测量位置的

可接受允许极限。为减少测量误差,应进行校准以确保测量读数的变化不大于规定轴向与径向距离所允许的差值。

计算中另一关键变量是振动单位与振动类型。例如,如果要计算绝对振动,那么所有振动测量值均以位移标注,且其必须具有相同的表示形式,即峰-峰值形式,这可通过将基础振动测量值进行积分来得到位移数值。当采用上述积分公式时,每次积分应将相位角相应增加 90°。

振动通常用振幅和相位角来表示。振幅可以加速度、速度或位移为单位,相位角的单位是度(°)。下面是由相对振动测量值和基础振动测量值计算绝对振动数值的样本实例。

假设:

转速 = 3600r/min;

相对振动向量 = [3.45mil(0.845mm),P-P 相位角 56°];

基础振动向量 = (0.25in/s,0-P 相位角 296°)。

第 1 步:将转速转换为频率,3600/60 = 60 Hz。

第 2 步:将基础振动测量值转换为位移,$D = 0.3183 \times (V/f) = 0.3183 \times (0.25/60) = 0.001326$in(P-P)。

第 3 步:将 in 单位(P-P)转换为 mil 单位(P-P),$D = 0.001326$in(P-P) × 1000mil/in = 1.326mil(P-P)。

第 4 步:由于采用单重积分,将基础振动相位角增加 90°。

第 5 步:将相对振动与新计算的基础振动向量相加。

绝对振动强度 = (3.45mil,P-P 相位角 56°) + (1.326mil,P-P 相位角 26°) = (4.646mil,P-P 相位角 48°)。

相同的计算可通过在如图 5.7 所示的极坐标图上绘制相对振动测量值与基础振动测量值来完成。红色向量表示相对振动,紫色向量表示基础振动。通过将基础振动向量由原点移至相对振动向量的起点形成新的向量(紫色虚线向量),由原点至紫色向量终止点的蓝色向量表示绝对振动向量。极线图中的每个圆表示 2mil[①]P-P 值(工程人员可根据自己的选择绘制不同振幅的圆)。从图 5.7 可以看出,表示绝对振动的向量约为(4.6mil,P-P 相位角 48°)。

了解上述关系以及它们之间相互影响的规律是十分重要的[3-5]。当一个分量已知时,就不太可能得到其他振动分量。例如,只监控振动的相对分量,则无法确定由转子到自由空间的分量。除非转子与如图 5.7 显示的轴承之间可能存在一个非常小的位移,否则可以感觉到整个地基都在剧烈振动。这是因为转子与支承系统同步运动,如果基础振动值也被测量,就会发现从承重结构到自由空间存在着大量的振动。类似的情况也会发生在监测绝对振动或基础振动的时候。因此,有必

---

① 注 P-P 为峰—峰值。

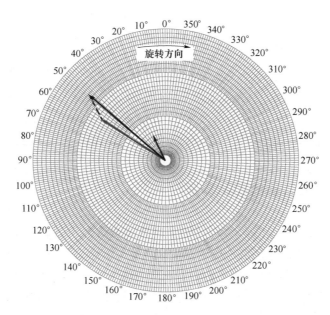

图5.7 （见彩图）应用极坐标进行绝对振动值计算（比例=2 mil P-P/主要部分）

要至少监测三个振动分量中的其中两个，以充分了解是哪一部分诱发的振动。

5.6.3 振动数据分类

为使平衡更加有效，有必要在相似运行条件下比较平衡前后的数据。如果不能有效利用类似数据，那么计算结果可能会发生偏差，难以预知未来平衡策略。

采集数据后，将数据处理成常用的类型。所采集的数据有两个主要类型和若干子类型，其中两大主要类型为瞬态和稳态。瞬态数据包括转子转速合理变化时所采集的所有数据，这种合理的变化涉及转速上升或下降过程。稳态数据是指转子转速恒定且在至少1h范围内的变化不超过50r/min时所采集的数据。当数据未能显示速度的变化或测量时间不足1h，可认为所采集的数据是瞬态的。充分理解这两类数据有助于分析转子对平衡的响应。

表5.1给出了将瞬态数据和稳态数据分解为相应子类的关键步骤。许多设备在运行时存在热变化。这些数据库将采用上面列出的类型并注明其为冷运转、暖运行或热运行。

表5.1 转子平衡中的数据采集

瞬态数据	稳态数据
慢滚	保持转速超过1h
启动	空载全速超过1h

121

续表

瞬态数据	稳态数据
惯性停车	不同载荷状态超过1h
临界转速	
暖机转速	
空载全速	

5.6.4 评估所需的初始数据

理想条件下,需要采集所有运行条件下的振动数据。例如,需评估的设备是一个燃气轮机,其为根据电网电力需求决定循环开闭的峰值单元,则下面的数据将是十分重要的。在现场进行平衡之前,收集诸如冷启动、暖启动和热启动的循环数是十分重要的。由最小负荷到基本负荷的负载需求也可能会有较大的变化。由于设备机组在运行中的形态变化,因此至少拥有一次冷启动、运行和惯性停车,以及一次热启动、运行和惯性停车的数据是十分重要的,这样就可以根据设备机组处于冷态时和其发生热膨胀之后所采集的瞬态数据进行准确的评估。运行数据应包括最小负荷与基本负荷状态下若干小时的信息,这些额外的数据能够保证对所有不同运行条件下设备状态的全面评估,这些初始的数据也称为调试前数据。

5.6.5 慢滚数据的评估(轴跳动静不平衡)

现场采集的数据很少是完美的。相反,在实验室或严格控制的空间中转子组件的数据通常会产生非常光滑的正弦信号。此时,临界转速可通过平滑的响应峰值和相位移很容易地确定,这是数据取自涡轮发动机设备组件现场的难得实例。导致数据偏差的主要原因是近距离传感器的电跳动,近距离传感器为监控转子或转轴表面而设计,任何表面缺陷都可能导致振动波形上的电噪声。电噪声取决于表面缺陷的严重程度,因而表面缺陷的严重程度会对总的或整体振动信号产生重大影响,也会影响经滤波后的振动信号。转子表面的划痕、凹坑或碎屑均为可能引起数据偏差的例证,转子的单一划痕可在波形中显示,其会影响振动总的测量值或1阶振动测量值。源于电跳动的信号变化会对慢滚、临界转速或额定转速的振动数据产生影响。有时这种影响是加性的,也可根据振动的相位角从实际振动信号中减去。

为解决电跳动,慢滚时的稳态波形必须从待评估的波形中减去。这很难实现,因而大多数软件包没有这种功能。由于评估是为了进行转子平衡,另一种选择是监控1阶振动信号慢滚向量值,并从现存1阶振动数据中予以减去。图5.8给出了称为原始数据的测量数据。需要注意的是,曲线3所显示的1阶振动强度几乎与曲线2线所表示的整体(总)振动强度一致,曲线1虚线为相位角。当确定用来计算慢滚补偿的慢滚向量测量值时,应在相位角和振幅稳定的时候进行数据采集。对于大多数涡轮电机系列,这种测量值将在100~500r/min之间。低于100r/min的数据可能是噪声,不能表示为实际的慢滚跳动。超过500r/min的数据受到油膜对转子的动力学影响,因而也不能表示为慢滚跳动偏差。

如图5.8和图5.9所示,首先在270r/min下收集的数据用作慢滚参考;然后从数据集中的每次读数中向量减去1阶向量,结果如图5.9所示。从该图中可以看到,向量补偿与波形补偿之间的差异。如果它们是波形补偿,那么总体(总)振动将接近与1阶振动类似的最高值。

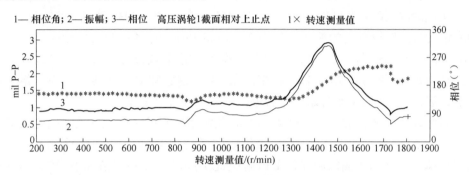

图5.8 启动时实测的伯德(Bode)图

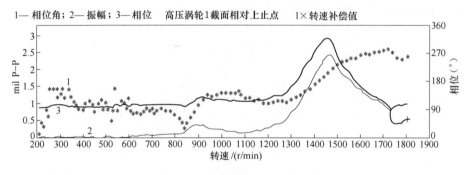

图5.9 启动时慢滚补偿伯德图

本例中使用了选择性软件,但也可以使用进行向量数学计算的计算器或通过在极坐标图上绘制点来相对轻松地完成,如表5.2所列。

表5.2 通过向量和计算数据

阅读说明	总价值/(mil P-P)	1×振幅值/(mil P-P)	相位角/(°)
慢滚参考(270r/min)	0.96	0.61	155
稳态(1800r/min)	1.61	1.40	206

使用标度为 1 mil P-P 圆的极坐标图绘制慢滚跳动数据点,该向量不是从原始数据绘制慢滚跳动向量,而是从慢滚数据点开始绘制到原点。反向绘制向量的原因是为了确保在转置向量时,跳动将被减去,而不是意外地添加到振动读数中(紫色向量)。接下来,绘制稳态数据。从原点到数据点绘制向量(图 5.7 红色向量)。转置慢滚跳动向量,使尾部位于振动向量的头部(紫色虚线向量),补偿振动向量(蓝色向量)从原点绘制到转置慢滚跳动向量的头部。补偿后的振动向量为 1.1 mil P-P 相位角 231°,当使用软件进行补偿时,计算出振动向量为 1.122 mil P-P 相位角 231°。

在此示例中,补偿或"真实"振动低于仪器上指示的实际测量振动。如果这些振幅较高,那么可能采取了不必要的措施来平衡装置。当测得的读数显示的值小于真实振动时,情况也可能相反。这方面的一个例子是当跳动振动与振动几乎 180°相反时。假设测得的振动向量为 3.25 mil P-P 相位角 111°,慢滚跳动向量为 2.05 mil P-P 相位角 345°,然后从测得的振动向量中减去慢滚跳动向量以计算补偿振动向量,结果为 4.75 mil P-P 相位角 131°,这意味着真实的振动高于指示的仪器。因此,在评估振动时始终查看慢滚跳动向量非常重要。

当振动水平超过警报值的 10% 时,有关慢滚跳动的一般规则就要引起足够关注。如前所述,大多数电气跳动问题都归因于转子或轴表面的缺陷,金刚石抛光通过接近探头下方的表面区域通常可以解决此类问题。在某些情况下,转子不圆通常会导致较大的 2 阶跳动,金刚石抛光很可能无济于事,需要进行更精细的加工,以恢复探头的真实圆形目标区域(图 5.10)。

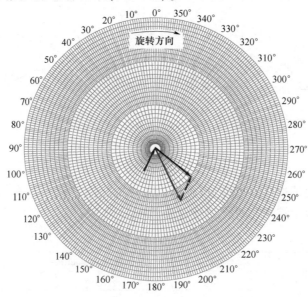

图 5.10 (见彩图)使用极坐标图的慢滚补偿(比例 = 1 mil P-P/主要部分)

5.7 固有频率、振型和临界振动

物体的固有频率是物体在运动且不受外力干扰时振动的速率。对于 T-G 系统,最关心的固有频率是基础、轴承、外壳、转子和叶片的频率。许多时候,平衡被用于成本问题的解决方案或临时解决方案。如果一个单元的已知基础固有频率接近于任何组件的固有频率,最好的做法是通过设计来改变该固有频率。有时,这可能会导致重新设计的巨大成本。若成本不是问题,则可能是解决问题所需的时间。在这些情况下,其他选择是必要的。认识到强制函数会激发固有频率的事实,降低强制函数将使振动降低并在可接受的水平内。T-G 系统上的主要强制功能是旋转转子的不平衡,通过平衡转子系统,它们仍然可以使机器更接近所关注的固有频率。

转子固有频率的确定将有助于计算转子的最佳平衡态。大多数 T-G 系统在其第三固有频率以下运行。半速设计的透平在其第一和第二固有频率之间运行。全速机器在第二和第三模态之间运行。电机、锅炉给水泵透平和燃气轮机通常在它们的第二和第三模态之间运行,有些在第三模态以上运行。励磁机和收集器通常在第一和第二模态之间工作,但有些在第一模态下工作。注意,可能存在一些异常值,但绝大多数属于上述固有频率范围内。

第一模态或第一固有频率的振型为弓形或 U 形。它通常称为弓形模态、重力模态或静态模态。如果在每个轴承端读取读数,相位角将大致相同。最高振幅出现在转子的中心。

第二模态或第二固有频率的振型为 S 形,通常称为 S 形模态或动态模态。如果在两个端轴承的临界转速下读取读数,那么相位角彼此约为 180°,节点位于中心,且振幅最小。

第三模态或第三固有频率的振型为 M 形或 W 形,具体取决于模态振型的方向,此模态具有静态和动态分量的组合。转子的两端同相,而中心相位差约 180°,如图 5.11 所示。

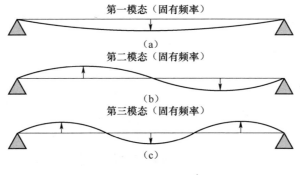

图 5.11 固有频率振型

5.8 实际重点角与指示重点角

重点(heavy spot)是转子上质量不平衡的实际位置,指示重点角是指采用能够过滤1阶振动的分析仪测得的角度。在低于临界转速的极低速度下,实际重点角度和指示角度将具有相同的角度值(图5.12(a))。随着转速向临界转速增加,重点的实际角度将保持不变,但指示的重点角度将增加。当达到临界转速时,指示的重点角将比实际重点角大90°(图5.12(b))。通过临界转速后,指示的重点角增大(如图5.11所示)固有频率振型、固有频率、振型和临界振动继续增加,直到其达到比实际重点角大180°(图5.12(c)),通常称为低点角,它与实际重点角正好相差180°,相位

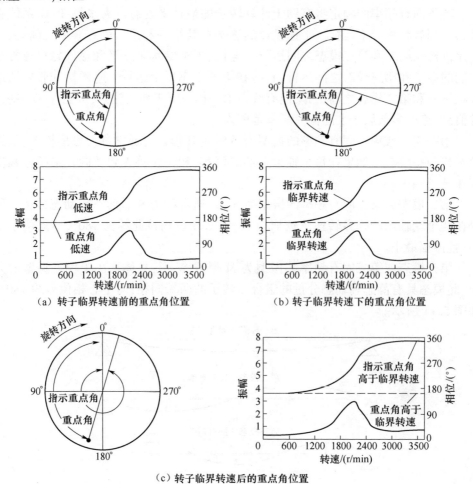

图5.12 实际重点角和指示重点角

将保持不变,直到转子接近下一个临界转速。在这一点上,这一系列事件将在临界转速下重复,图5.12显示了该过程中振动和相位变化,其中重点以相位角位置表示,高点以振动幅度表示。

5.8.1 计算滞后角与模态振型关系

与配重相关的滞后角是指效果滞后或落后于配重角的旋转角度,为了计算滞后角,可以使用以下方程式:

$$滞后角 = 配重角 - 效果矢量角$$

注意,如果该值产生负角度,那么添加360°使其为正。

例如,如果存在0°滞后,并且配重安放在300°,那么效果矢量将直接指向300°,这在图5.13中显示为蓝色向量和配重。另一个例子是,如果滞后角为50°,所需的效应角为80°,那么配重必须安放在相对于旋转方向的效果矢量角之前30°~50°,这在图5.13中显示为红色向量和配重。

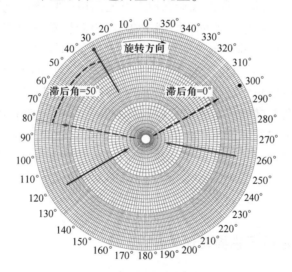

图5.13 (见彩图)配重滞后角的效果矢量

如前所述,透平电机中有3种值得关注的振型。当装置向上或向下运行时,这些模态振型会以不同的速度激发,包括第一模态形状或静态(弓形)模态、第二模态形状或动态(S形)模态和第三模态形状或动态和静态(M形或W形)模态。

为了更好地理解滞后角与转子各种振型的关系,可以使用图5.14。当装置以0r/min启动时,滞后角为0°,没有任何模态被激发,随着转速的增加,在这种情况下,转速超过1000r/min,并接近转子的第一模态,其中滞后角增加,如标有"静态"的黑色曲线所示。还应注意,第二和第三模态仍然处于0°滞后,因为它们没有被

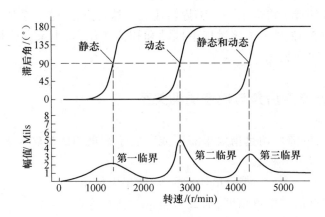

图 5.14 滞后角与振型的关系

激发,所以没有任何影响。当转速增加到转子的第一临界值时,相位角达到 90°,第二和第三模态的相位角保持为 0°,对于静态模态,滞后角增加,直到达到 180°。随着速度进一步增加,第二模态或动态模态开始出现,动态模态遵循与第一模态相同的模态,并随着转速的增加而增加到 180°。类似地,第三模态遵循与第三临界相同的模态,具有 90°的滞后角,且滞后角随着转速的增加,进而增大到 180°。

当平衡转子时,滞后角与转速关系的现象是非常有用的工具。通过了解转子以估计滞后角运行的位置,即使不知道先前的影响,也可以在转子上进行初始平衡移动。利用滞后角与转速关系的知识以及哪种振型接近转速的知识,可以对安装平衡块的最佳平面进行有依据的估算。以第二临界转速下正常运行的转子为例,两个轴承的读数彼此相差 180°。基于这一认识,每端需要 90°的滞后,合理的做法是将等量的配重放置在相隔 180°和预期效果前 90°的位置。很明显,中心平面没有帮助,因为它是一个节点,不会产生任何影响。

5.8.2 确定转子临界转速

在基本了解临界振型后,下一步是确定转子振型发生的转速。转子通过其临界转速时经常观察到的特性是相位偏移和振幅的峰值响应,在没有外部影响的孤立系统中,相位偏移为 180°,临界转速发生在相位偏移的中间点。在 T-G 系统的大多数情况下,相位偏移通常小于 180°,这是由一些因素造成的,如轴承油膜阻尼、转子灵活性、其他耦合转子的交叉效应等,振幅峰值也可能受这些相同因素的影响。

确定转子临界转速最常用的两种图是极坐标图和伯德(Bode)图。极坐标图在补偿缓慢的滚动跳动时,1 阶振幅和相位将从原点开始,并随着转速的增加和转子通过其临界转速而形成回路,通过从原点绘制一条与回路相交的线,回路上的交点表示转子临界转速,如图 5.15 所示。

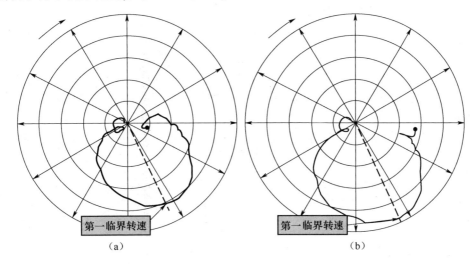

图 5.15 确定第一临界转速的极坐标图

需要注意的是,极坐标图的原点附近有小回路,小回路通常表示结构共振和/或系统内转子的其他影响,有时也表示传感器支架共振。图 5.15 中的极坐标图显示了高压透平(High Pressure HP)前后相对传感器轨迹的示例,如每个图上的交叉线所示的临界转速约为 1460r/min。该图提供了有关该临界转速的附加信息,当使用以相同径向角度安装在转子两端的传感器时,它们可以相互比较以确定转子的振型。如果传感器没有在相同的角度位置径向对齐,那么数据可能会出现偏差,从而导致转子模态振型的确定无效。在本例中,前后传感器均安装在上止点(TDC)或 0°位置。该图显示 1460r/min 的转速落在极坐标图的第一个主回路上,这表明该转速是转子的第一临界转速。如果在第二个或第三个主回路中确定了该速度,那么会分别被误认为是第二临界转速或第三临界转速。这些曲线图也证实了前后轴承的相位角均约为 205°,这就确认了与第一个固有频率相关联的转子模态。图中显示的另一个重要观察结果是,临界转速约为 340r/min,而正常工作转速为 1800r/min,这意味着转子在高于第一临界转速和低于第二临界转速的情况下运行,但没有注意到第二回路。

通常用于确定转子临界转速的第二个图是相位图,它使用转速与 1 倍幅度和相位的关系。当转子转速达到其临界转速,振幅将增加到峰值,相位角也将发生变化。如前所述,理想情况下会有 180°的相位偏移,但对于 T-G 系统而言,大多数情况下观察到的相位偏移小于 180°,这是由于转子峰值响应处出现软阻尼,振幅峰值和相位中点将指示与极坐标图类似的临界转速,如图 5.16 所示。

与极坐标图一样,伯德图有助于确定转子是否在第一和第二临界转速之间运

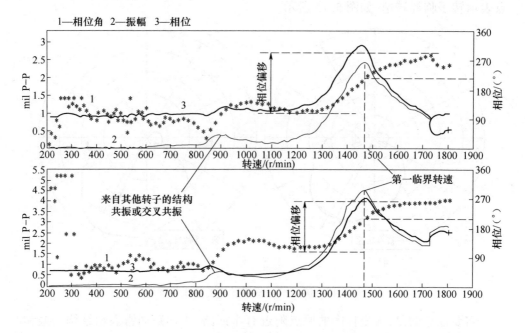

图 5.16 确定第一临界转速的伯德图

行。第一个转子临界转速约为 1460r/min，峰值振幅下的相位角约为 205°，在第一个转子临界转速之前，似乎存在非转子共振，这种共振可能是来自支承系统、防护装置、传感器支架的结构共振，甚至是来自透平列附近运行的其他设备的谐波响应。注意，高压透平前部的相位偏移约为 170°，高压透平后部的相位偏移约为 140°。

　　在具有正交接近传感器的装置上（也可使用加速计或速度计），轨迹也可用于确定临界转速，当转子通过临界转速时，轨迹将发生变化，在临界转速下，轨迹形状将变为一个较窄的椭圆形，在某些情况下几乎是一条细长的直线，在通过临界转速后，轨迹通常会恢复到临界转速之前的形状。当两个转子临界转速彼此接近或缺少结构阻尼，或者摩擦、油膜影响等情况下，可能导致这种现象，图 5.17 中显示了正常行为的一个示例，其中轴承透平端的相关传感器安装在 TDC 的 45°右侧和 45°左侧，蓝色虚线对应于下方伯德图中显示的轨迹速度。

　　值得注意的是，转子可能有不止一个临界转速，且支承系统的刚度和阻尼存在差异。因此，当两个传感器以不同的径向角度安装在每个轴承上时，临界转速分裂的情况并不少见。图 5.18 描述了具有相同模态形状的分裂临界转速的示例。如图 5.18 所示，伯德图显示代表第一模态振型的转子临界转速，一个为 1553r/min，另一个为 1621r/min，且大多数情况下转速彼此相差 200r/min 以内。

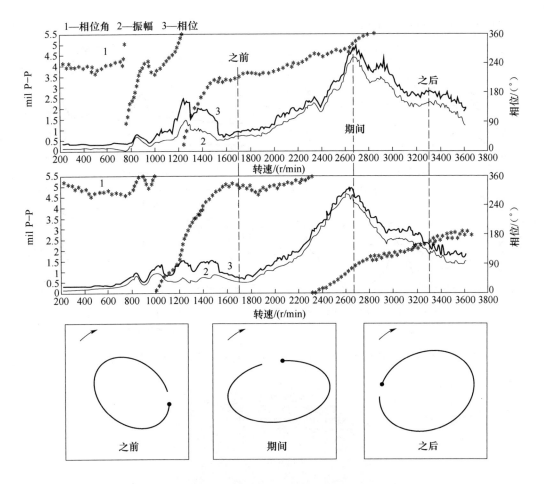

图 5.17 通过第二临界转速的轨迹变换

5.8.3 确定静态和动态不平衡分量

平衡的基本原理之一是确定存在的不平衡类型,其中有两种类型的不平衡,即静态不平衡和动态不平衡。静态不平衡是指转子两端同相或具有相同角度的 1 阶振动,出于平衡目的,转子两端被视为具有相同相位。动态不平衡是指转子两端的 1 阶振动彼此相差 180°,当具有相同径向测量角的传感器的转子两端之间的振幅存在差异时,会出现静态和动态不平衡组合。此外,两端的相位角也会有一些变化,这些变化不相同或彼此相差不完全是 180°。图 5.19 显示了一组纯动态和纯静态振动数据。注意:用于计算静态和动态部件的转子各端传感器的径向角应相同。

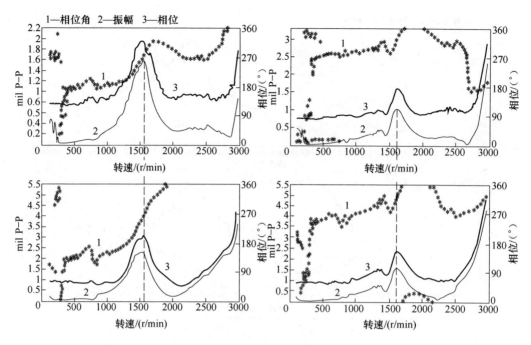

图 5.18 伯德图显示了转子在第一临界转速下的分裂临界转速

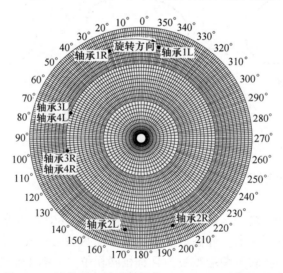

图 5.19 纯静态和纯动态比较(2 mil P-P/主要部分)

轴承 1 和轴承 2 在左对左和右对右之间显示纯动态运动,相位从一端到另一端相差 180°,幅度相同。轴承 3 和轴承 4 在左对左和右对右之间显示纯静态。读数相互叠加,因此端到端的振幅或相位没有差异,当不平衡为纯静态或纯动态时,则部件等于传感器读数的振动值。对于本例,动态分量等于 5 mil P-P,静态分量等于 4 mil P-P。

在同时存在静态和动态不平衡的情况下,那么动态和静态分量将与传感器处测得的振动不同。图 5.20 描述了当存在组合时如何计算分量,通过在转子末端的同一径向传感器上画一条线(粉红色虚线),确定不平衡静态和动态分量,接下来当这条线与轨迹曲线相交时,从原点到这个交点画一条线(紫色虚线)。动态分量是从交点到振动点在相等和相反方向上的距离,图上的红色实线表示这一点,静态分量是从原点到交点的距离,由绘图上的蓝色圆点表示,为了确定动态向量的角度,它们将被转置到绘图中的原点(由灰色虚线表示)。静态向量直接从绘图中读取,这会导致以下不平衡分量:

静态不平衡轴承 1 左/轴承 2 左 =(2.0 mil P-P∠43°)
动态不平衡轴承 1 左 = (4.3 mil P-P∠328°)
动态不平衡轴承 2 左 = (4.3 mil P-P∠148°)

对右侧传感器重复相同的操作,右侧即可生成以下值:

静态不平衡轴承 1 右/轴承 2 右 = (1.6 mil P-P∠ 71°)
动态不平衡轴承 1 右 = (4.3 mil P-P∠ 3°)
动态不平衡轴承 2 右 =(4.3 P-P∠ 183°)

为了确定转子的平均静态和动态不平衡量将左右结果向量相加,然后除以 2,即可得到以下值:

静态不平衡 = (1.84 mil P-P∠ 56°)
动态不平衡轴承 1 = (4.1 mil P-P∠ 346°)
动态不平衡轴承 2 = (4.1 mil P-P∠ 166°)

要仔细检查整个计算,答案应介于两组数据之间。

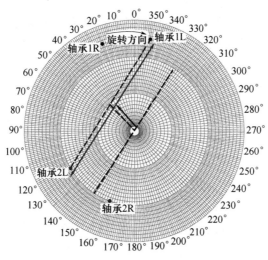

图 5.20 (见彩图)静态和动态组合的组件(2 mil P-P/主要部分)

5.9 平衡分析

目前,讨论的基本步骤有助于理解振动分量之间的关系、振动数据整理、慢滚跳动补偿、理解转子的固有频率以及如何识别它们,本节将介绍平衡分析的分步分析步骤。

收集完初始数据后,这些数据可能还需要补偿慢滚跳动。为了更好地解释平衡分析,以带有集电器的电机-透平耦合系统为例予以说明。

假设如下条件:

正常运行转速 = 3600r/min

透平转子质量 = 71875lb(32602kg)

排气平衡平面半径 = 18.60in(0.47244m)

评估伯德图后,确定透平的临界转速如下:

第一临界转速(水平方向) = 1035r/min

第一临界转速(垂直方向) = 1254r/min

第二临界转速(水平方向) = 2630r/min

第二临界转速(垂直方向) = 2664r/min

当确定完临界转速后,重要的是加平衡配重后的速度应尽可能接近平衡前的转速,这是因为当转子通过临界转速时,相位会发生偏移,在阻尼良好的转子上,相位将以缓慢的速率偏移,但在阻尼较小的转子上,变化可能很快,对于激励器,在临界转速附近 10~15r/min 转速变化范围内出现 20°~30° 的变化并不罕见。当矢量较长时,会对平衡产生显著影响。理想情况下,配重平衡前和配重平衡后效果矢量之间的速度变化不应超过±5r/min。

数据的评估如表 5.3 所列,并用作慢滚参考数据。该数据用于执行本示例中的慢滚跳动补偿,详细数据如图 5.21 所示。

表 5.3 数据评估表

序号	标签	单位	以 233r/min 慢滚动		
			总数	1 阶 AMP 测量值	1 阶 PHS 测量值
1	左排气	mil P-P	0.799	0.519	126
2	右排气	mil P-P	0.771	0.511	216
3	左进气	mil P-P	0.338	0.128	263
4	右进气	mil P-P	0.350	0.182	341
5	左前电机	mil P-P	0.382	0.160	291

续表

序号	标签	单位	以233r/min慢滚动		
			总数	1阶AMP测量值	1阶PHS测量值
6	右前电机	mil P-P	0.444	0.223	147
7	左后电机	mil P-P	0.671	0.285	341
8	右后电机	mil P-P	0.431	0.108	126

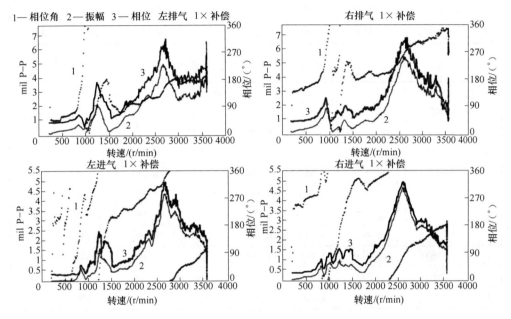

图5.21 揭示透平振动的伯德图

表5.4~表5.6中显示的数据,是针对慢滚跳动进行补偿的,并将该数据用作已有数据集,该数据集包含透平的第一和第二临界转速以及8h的稳态在线基本负荷。

表5.4 支持表5.3的数据

序号	标签	单位	以1035r/min启动			以1245r/min启动		
			总数	1×AMP测量值	1×PHS测量值	总数	1×AMP测量值	1×PHS测量值
1	左排气	mil P-P	0.989	0.178	20	3.683	2.035	97
2	右排气	mil P-P	0.764	0.657	354	1.366	0.208	255
3	左进气	mil P-P	0.726	0.239	240	2.465	1.379	23

续表

序号	标签	单位	以 1035r/min 启动			以 1245r/min 启动		
			总数	1×AMP 测量值	1×PHS 测量值	总数	1×AMP 测量值	1×PHS 测量值
4	右进气	mil P-P	1.286	0.863	38	1.586	0.908	167
5	左前电机	mil P-P	0.797	0.516	231	0.588	0.298	312
6	右前电机	mil P-P	1.028	0.891	70	1.095	0.687	139
7	左后电机	mil P-P	1.000	0.427	309	1.786	1.589	86
8	右后电机	mil P-P	0.589	0.255	96	0.812	0.668	240

表 5.5 支持表 5.4 的数据

序号	标签	单位	以 2630r/min 启动			以 2664r/min 启动		
			总数	1×AMP 测量值	1×PHS 测量值	总数	1×AMP 测量值	1×PHS 测量值
1	左排气	mil P-P	6.107	4.797	135	6.259	4.930	145
2	右排气	mil P-P	6.457	5.376	258	6.710	5.283	269
3	左进气	mil P-P	4.510	3.995	317	4.927	4.364	330
4	右进气	mil P-P	4.984	4.700	75	4.837	4.463	84
5	左前电机	mil P-P	0.989	0.744	236	0.966	0.742	242
6	右前电机	mil P-P	1.757	1.505	87	1.866	1.548	93
7	左后电机	mil P-P	2.391	2.133	276	2.328	2.031	284
8	右后电机	mil P-P	1.049	0.931	56	1.035	0.876	63

表 5.6 支持表 5.5 的数据

序号	标签	单位	在线 8h		
			总数	1×AMP 测量值	1×PHS 测量值
1	左排气	mil P-P	5.728	4.834	167
2	右排气	mil P-P	3.096	2.359	266
3	左进气	mil P-P	1.493	0.821	85
4	右进气	mil P-P	0.773	0.576	159
5	左前电机	mil P-P	0.710	0.546	19
6	右前电机	mil P-P	1.284	0.859	160
7	左后电机	mil P-P	2.088	1.651	292
8	右后电机	mil P-P	1.371	1.145	5

数据经过收集、补偿和组织后，即可开始评估过程。数据审核表明，当水平超过 6mil P-P 时，第二临界转速振动升高，如图 5.22 所示。在线数据还表明，振动存在超过 5mil P-P 的升高情况。理想情况下，对于该机组，建议瞬态范围内的水平振幅低于 5mil P-P，稳态下低于 3mil P-P。

从伯德图来看，透平似乎在高于第二临界转速和低于第三临界转速的工况下运行，当机组未运行到高于工作转速的下一个临界转速时，可进行粗略估算。为了计算这一点，取每个已知的临界转速，并将它们除以各自所代表的模态振型数，然后将所有这些计算出的转速相加并除以计算出的临界转速总个数，以获得平均临界转速。接下来将未知临界转速的模态数乘以 100r/min 并与平均临界转速相加。最后可将该临界转速值与可用的最高临界转速相加，以粗略估计下一临界转速将出现的位置。

例如，第一临界转速为 1035r/min 和 1254r/min，第二临界转速为 2630r/min 和 2664r/min。通过如上所述的计算，得到 [(1035/1)+(1254/1)+(2630/2)+(2664/2)]/4=1232r/min。由于第三种模态为未知临界转速，因此将在 1232r/min 的基础上增加 300r/min。将该转速与已知的最高临界转速相加，即可确定估计的下一临界转速 (1532+2664)= 4196r/min。

参考图 5.13 的滞后角—模态振型关系图，由于机组未通过第三临界转速，滞后角预计在 0°~90°之间。下一步是绘制第二临界转速和稳态数据。由于第一个关键数据相对较低，因此是否绘制它是可选的。

当一个转子有两个独立的支承轴承且轴承不支承任何其他转子时，可以将其视为一个孤立的系统。在这些情况下，绘制转子轴承振动和每个方向上的一个附加轴承通常足以查看平衡的效果。如果使用联轴器进行平衡，则应绘制联轴器周围的 4 个轴承(每个方向两个)的振动图。

图 5.22 中的第二临界转速为 2630r/min 的数据显示了左对左和右对右排气和进气之间预期的 180°相偏差，这意味着在此转速下会出现动态不平衡。从图 5.13 中的滞后角与模态振型的关系我们知道，临界点对于安装配重的平面预计会有 90°的滞后角，这意味着要减少不平衡，需要将配重安装在以下位置：

左进气口 = 47°，右进气口 = 165°，左排气口 = 225°，右排气口 = 348°。

为了确定理想的配重位置，计算出的每端的配重位置一起求平均值。计算结果表明，需要在进气 106°和排气 287°处增加质量，因此 2630r/min 第二临界转速的理想配重位置是在这两个位置增加配重。

与 2630r/min 的数据类似，图 5.23 中第二临界转速为 2664r/min 的数据也显示了左对左和右对右排气端和进气端之间预期的 180°相偏差，这意味着在此速度下存在动态不平衡。由图 5.13 中的滞后角与模态振型的关系我们知道，临界点对

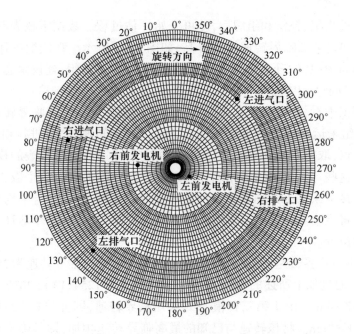

图 5.22 以 2630r/min 的第二临界转速(2mil P-P/主要部分)

于安装配重的平面预计会有 90°的滞后角。为了减少转子中的不平衡量,需要在以下位置安装配重。

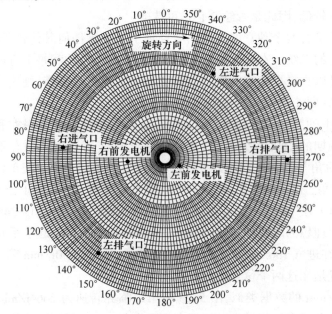

图 5.23 以 2664r/min 的第二个临界转速(2mil P-P/主要部分)

左进气口＝60°，右进气口＝174°，左排气口＝235°，右排气口＝359°。为了确定理想的配重位置，计算出的每端的配重位置一起求平均值，计算结果表明需要在进气117°和排气297°处增加配重，因此2664r/min第二临界转速的理想配重位置是在这两个位置增加配重。

如前所述，透平似乎在第二临界转速和第三临界转速之间运行。如图5.24所示，当转速为3600r/min时，振动似乎仍然具有类似的静态和动态分量，当转子接近第三模态时，两个端平面中的滞后角将接近90°，中心平面中的滞后角将接近270°，配重将放置在排气端257°和356°之间以及进气端175°和249°之间的位置，表5.7显示了第二临界和稳定状态下的配重汇总（表5.8和表5.9）。

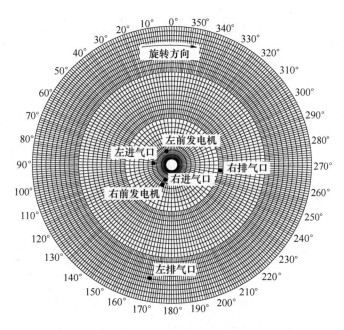

图5.24 在线基本负荷8h 3600r/min（2mil P-P/主要部分）

表5.7 转子配重位置汇总表　　　　　　单位：r/min

探究	第二临界	第二临界平均值	稳态	稳态平均值
左排气口	235°	297°	257°	307°
右排气口	359°		356°	
左进气口	60°	117°	175°	212°
右进气口	174°		249°	

表5.8 U形转子的平衡数据

序号	标签	单位	移动1 以1035r/min启动			移动1 以1245r/min启动		
			总数	1×AMP 测量值	1×PHS 测量值	总数	1×AMP 测量值	1×PHS 测量值
1	左排气	mil P-P	0.827	0.535	263	2.951	1.512	89
2	右排气	mil P-P	1.115	0.445	311	1.459	0.644	254
3	左进气	mil P-P	0.751	0.335	241	1.953	1.082	352
4	右进气	mil P-P	1.242	0.786	42	1.404	0.924	138
5	左前电机	mil P-P	0.788	0.513	236	0.652	0.420	291
6	右前电机	mil P-P	1.082	0.923	75	1.243	0.925	122
7	左后电机	mil P-P	1.119	0.587	310	1.456	1.236	62
8	右后电机	mil P-P	0.664	0.337	100	0.745	0.510	212

表5.9 S形转子的平衡数据

序号	标签	单位	移动1 以2625r/min启动			移动1 以2660r/min启动		
			总数	1×AMP 测量值	1×PHS 测量值	总数	1×AMP 测量值	1×PHS 测量值
1	左排气	mil P-P	3.341	2.200	154	3.884	2.234	171
2	右排气	mil P-P	4.116	2.637	290	3.919	2.541	299
3	左进气	mil P-P	1.500	1.142	341	1.782	1.285	357
4	右进气	mil P-P	1.826	1.601	106	1.904	1.578	117
5	左前电机	mil P-P	0.947	0.711	243	0.928	0.693	246
6	右前电机	mil P-P	1.703	1.432	95	1.692	1.427	98
7	左后电机	mil P-P	2.078	1.825	270	2.074	1.780	274
8	右后电机	mil P-P	0.896	0.751	51	0.854	0.723	55

在对两种速度的排气和进气理想配重位置进行平均后,对位置进行比较。结果发现,排气平面的平衡配重大致足以纠正第二临界状态和稳态工况,入口配重位置显示,理想配重位置之间存在95°(相偏差表5.10)。

平均第二临界和稳态配重位置,排气端为302°,进气端为165°,进气端和排气端之间的配重位置彼此相差137°,这意味着必须同时存在动态和静态部件,在单个端平面中添加配重将导致静态和动态响应,其中大多数响应为动态响应。

表 5.10 第一次平衡偏移的转子振幅/相位值

序号	标签	单位	移动 1 在线 8h		
			总数	1×AMP 测量值	1×PHS 测量值
1	左排气	mil P-P	3.183	2.287	214
2	右排气	mil P-P	4.194	3.472	287
3	左进气	milP-P	2.595	1.789	222
4	右进气	mil P-P	2.350	1.913	318
5	左前电机	mil P-P	0.621	0.496	31
6	右前电机	mil P-P	1.267	0.820	156
7	左后电机	mil P-P	2.540	2.019	297
8	右后电机	mil P-P	1.373	1.282	2

由于第二临界状态和稳定工况下的排气配重布置以大致相同的角度结束,因此很容易选择使用哪端为理想平面,配重将以 302°安装在排气端平面内。

找到角度位置后,下一步是确定要安装的配重,典型的经验法则是使用 10%法则。该规则定义为使用产生向心力的配重,该向心力大约等于转子最高额定转速下转子重量的 10%,为了计算向心力,可计算如下:

$$F = m_r a_c = \frac{m_r v^2}{r} = m_r r \omega^2 \qquad (5.1)$$

式中:m_r 为转子重量;a_c 为向心加速度;v 为切向速度;r 为试重安装半径;ω 为角速度。

转子质量有时以质量表示,有时以重量表示,要在重量和质量之间转换,可表达如下:

$$W = m_r g \qquad (5.2)$$

式中:W 为重量;g 为重力。注意:对于国际单位制(SI),g 为 9.8067m/s^2;对于英制单位,$g =$ 386.088in/s^2。

重新排列这些方程式,并仅考虑 10%的转子质量,得出:

$$m_{tw} = \frac{0.10 m_r g}{r \omega^2} \qquad (5.3)$$

式中:m_{tw} 为配重的质量。

确保在计算过程中使用正确的单位,如果未使用正确的单位,将会导致配重的质量无效。

使用本示例中的信息,建议的配重的质量计算如下。注意,转子转速 θ 以转数(r/min)为单位,需要使用以下公式将其转换为 rad,其中 $\pi = 3.14159$。

$$\omega = \theta 2\pi$$
$$m_r = 71875\text{lb. 或 }1150000\text{oz.}$$
$$\theta = 3600\text{r/min 或 }60\text{r/s}$$
$$r = 18.60\text{in}$$
$$g = 386.088\text{in/s}^2$$

将这些值代入上面试重的计算公式(5.3),得到式(5.4):

$$m_{tw} = \frac{0.10 m_r g}{r\omega^2} = \frac{0.10 \times 1150000\text{oz} \times 386.088\text{in/s}^2}{18.60\text{in} \times [(60\text{r/s} \times 2 \times 3.14159)]^2} = 16.796(\text{oz.}) \tag{5.4}$$

上述计算与先前确定的排气端平面中配重放置的角度位置,共同决定了燃气轮机排气端平面302°处的初始建议平衡配重的质量为16.796oz[①]。

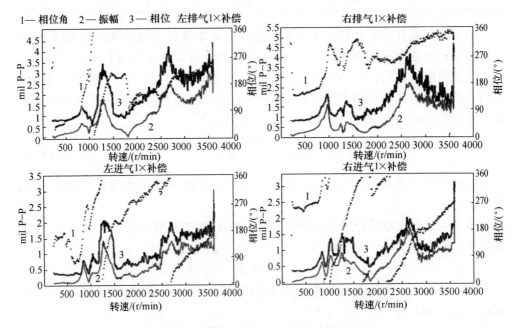

图5.25 透平振动的伯德图平衡配重1

在审核完可用的配重尺寸和平衡孔后,即可使用与计算质量大致相同的标准配重进行平衡配重,该平衡配重(称为配重1)在透平排气端平面293°处为19.14 oz,加配重1后的数据补偿了缓慢的慢滚跳动。

与相同速度下已发现的慢滚补偿数据相比,加试重1后的慢滚补偿数据

---

① 1盎司 = 0.02835kg。

(图 5.25)如预期在第一临界转速下变化最小,在第二临界转速和稳态下变化显著。查看平衡配重响应的最佳方法是将其绘制在与所测读数相同的极坐标图上。通过绘制一个由已知读数指向试重 1 读数的向量,即可表征响应效果的方向和大小。这些向量称为效应向量,除添加效果向量之外,最好的做法是标记每个图上安装的配重的角度位置和大小,有助于快速计算效果滞后角。

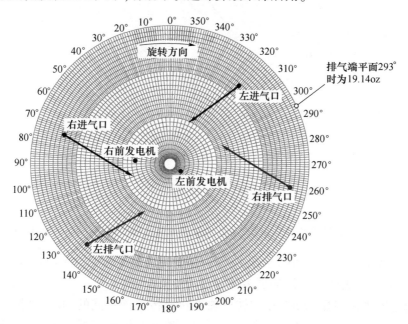

图 5.26　(见彩图)第二临界转速为 2630r/min 的配重 1 的效果向量(2mil P-P/主要部分)

　　由于第一临界转速与第二临界转速和稳态相比变化不大,因此不需要绘制它们。如果它们表现出类似的变化,最好也绘制向量图来确定它们的影响。

　　图 5.26 中的极坐标图表明对电机几乎没有影响。研究还表明,平衡配重对水轮机有显著影响,当左进排气侧向量相互比较时,它们的长度几乎相等,方向相反,对于右传感器也是如此,这表明正如预期一样,这些影响是纯动态的,所有向量均绕着极坐标原点缓慢旋转,这些向量在 5°～25°之间旋转,并指向原点。平衡的基本规则之一是,旋转配重也会使影响旋转相同的量,这意味着,如果配重绕轴逆向旋转 10°,从 293°旋转到 303°,每个矢量将逆时针旋转 10°,就好像矢量的尾部是旋转轴一样。向量越接近原点代表着需要更多的配重。平衡的另一个基本规则是增加配重会等比例增加向量长度。例如,如果 10oz 的配重产生 2mil 长的效果向量,15oz 的配重将产生 3mil 长的效果向量。

　　图 5.27 中的极坐标图显示了与先前 2630r/min 时的极坐标图相似的特性,电机端几乎没有变化,而透平端在左传感器和右传感器上显示出预期的动态效果,向

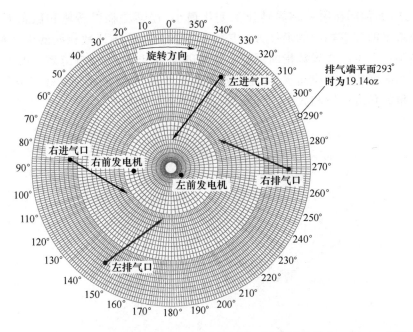

图 5.27 （见彩图）第二临界转速为 2664r/min 的配重 1 的效果向量（2mil P-P/主要部分）

量也不直接指向极坐标图的原点，它们似乎表明向量旋转了 10°～25°，效果向量未到达坐标原点，表明可以添加更多配重以增加其长度。

稳态极坐标图显示出与第二转子临界转速传感器不同的响应，电机的极坐标图再次显示几乎没有变化。如图 5.28 所示，透平右侧传感器显示长度略有差异，但方向相同。这表明，大多数效果是静态的，而有些效果是动态的。动态分量来自向量长度的差异，透平左侧传感器向量表明排气向量的长度几乎是进气向量的 2 倍，传感器的效果向量方向也相距约 90°，这表明影响是由静态和动态组件造成的。该图还显示，排气口传感器和进气口左侧传感器未旋转到原点，而进气口右侧传感器几乎笔直穿过原点。两个进气向量均已通过原点，而两个排气向量均未达旋转到原点，增加配重有利于排气，但对进气口传感器有负面影响。

5.9.1 计算效果系数和滞后角

带有效果向量的极坐标图提供了有价值的数据，根据效果向量，可计算出同一平面内相同装置的额外平衡或未来平衡的效果系数和滞后角。为了计算效果系数和滞后角，必须知道与极坐标图原点相关的效果向量方向和长度，还必须知道配重和角度位置。

在极坐标图中，绘制效果向量后，将效果向量转置到原点，就很容易得到向量

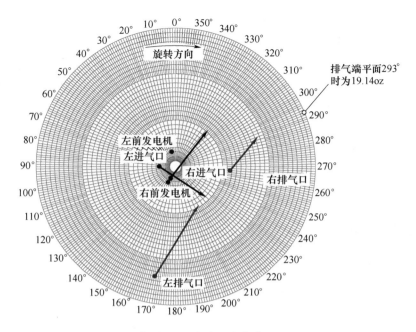

图 5.28 （见彩图）试重在线基本负载 8h 和 3600r/min
的配重 1 效果向量（2mil P-P/主要部分）

的方向以及用极坐标下的测量长度。图 5.29 显示了 2664r/min 第二临界转速的转置。在将向量转置到原点后,使用极坐标刻度确定每个矢量的长度。沿着从原点到极坐标图外圈的转置向量和读取角度还可以获取矢量的方向。表 5.11 包含从 4 个透平传感器的极坐标图中获得的数据。由生成的极坐标图的准确程度不同,可能会带来一定误差生成的极坐标图的准确度的差异会带来一定的数据误差。可能会出现错误。表中的值是使用矢量计算的（当前读数减去先前读数）。

注意：在使用该计算方法时,务必要通过绘制极坐标图来进行核对。这是因为一些计算可能会使计算的初始位置和最终位置相互颠倒,从而造成效果向量角出现 180° 的偏差角。

表 5.11 转子第二临界转速的影响向量

效果向量		
(2664r/min 启动,排气端平面在 293° 为 19.14oz)		
传感器	效果向量长度/(mil P-P)	效果向量角/(°)
左排气	3.089	306
右排气	3.329	67
左进气	3.274	139
右进气	3.250	249

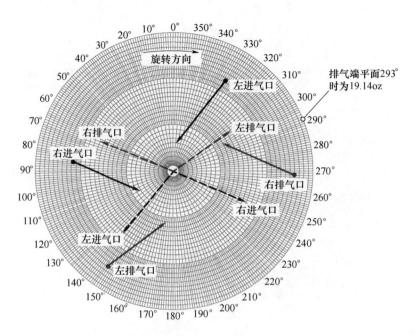

图 5.29 (见彩图)转置到原点第二临界转速 2664r/min 时的配重 1 的效果向量(2mil P-P/主要部分)

将效果向量长度除以安装的配重即可得到效果系数。对于本例,每个效果向量长度除以 19.14 oz,即可得到以 mil P-P/oz 为单位的效果系数。

效果向量角用于计算效果滞后角。效果滞后角可以通过将效果向量角减去配重放置角度而计算得到。如果结果为负值,则可以加 360°以得到正的效果滞后角。

注意:效果滞后角是以安装配重的平面为参考的,在本例中,这是排气端平面。

表 5.12 给出了该示例的效果系数和滞后角。

表 5.12 转子第二临界转速的效果系数

效果向量(2664r/min 启动,排气端平面在 293°为 19.14 oz)		
探测器	效果系数/(mil P-P/oz.)	效果向量角/(°)
左排气	0.161	13
右排气	0.174	134
左进气	0.171	206
右进气	0.170	316

通过计算效果系数和滞后角可以使平衡过程(对应不同转速或稳态数据)更有效。

5.9.2 应用效果系数和滞后角进行平衡

通过计算效果系数和滞后角可以使平衡更有效。当机组具体的效果系数和滞后角已知且可用时,就可以对特定的平衡面进行评估,以确认其是否可以作为运行工况下的最佳平衡面,同时还可以取消配重。因为取消试重可以减少机组运行次数从而节省整个过程中的燃料和劳动力损耗。

在下面的示例中,通过计算在第二临界转速2664r/min下的效果系数以确定初始平衡策略,用以解决同一机组由于振动升高导致机组跳闸而无法达到工作转速的问题。

表5.13中的数据是来自机组最后一次运行在2650r/min下跳闸时的数据,该数据已针对缓慢的滚动跳动进行了补偿。

表 5.13 机组跳闸期间获得的平衡数据

序号	标签	单位	以 2650r/min 启动跳闸		
			总数	1×AMP 测量值	1×PHS 测量值
1	左排气	mil P-P	9.982	9.254	306
2	右排气	mil P-P	7.841	7.777	64
3	左进气	mil P-P	10.001	9.891	137
4	右进气	mil P-P	8.243	8.169	237

理想情况下,最好采用所有转速的预先平衡数据来观察振动条件,以取消额外的配重。在某些情况下,由于跳闸,机组需要在达到额定转速之前进行平衡。修正瞬态振动的平衡过程可能会对稳态振动产生负面影响,在上一个示例中已经观察到了这一点。第二临界转速下的效果表明,增加了额外的配重,虽然改善了瞬态振动水平,但却损害了稳态振动水平。

第一步是在极坐标图上绘制数据,以便了解从左右排气口到左右进气口的数据对比。绘制数据后,排气和进气几乎彼此相差180°的相位,表明振动几乎是纯动态的。由于这是同一台机组,在过去就知道该机组的第二临界转速为2630r/min和2664r/min,在这种情况下,机组跳闸前,其转速为2650r/min;因此,采用转速为2664r/min时的效果系数可以降低振动水平。如果转速不同,对应的效果也可能会有所不同。

下面计算配重放置的角向位置。使用类似试求取试重角度的方法,4个振动传感器的每个角度都将增加180°,若没有滞后角或滞后角等于零,则这是配重的安装位置;当滞后角已知时,通过减去滞后角来确定配重的理想位置。表5.14为考虑滞后角的配重安装位置。

根据表 5.14 中配重放置角度的计算,计算出这些值的平均值,以给出对每个传感器有利的实际配重放置位置。在某些情况下,若试图降低其中一个读数,使其低于其他读数,则可能需要增加配重。当需要所有读数的最佳解决方案时,就需要增加配重。为了实现这一点,选择读数是有利的,平衡试重的目的是优化这些特定的读数,这些读数的平均值计算为 109°。图 5.30 是排气端平面中配重放置的理想位置。

表 5.14 带滞后角的配重位置

		用滞后角计算配重(以 2650r/min 启动跳闸)			
序号	标签	1×PHS 测量值	增加 180°	要减去的滞后角	理想配重角
1	左排气	306	126	13	113
2	右排气	64	244	134	110
3	左进气	137	317	206	111
4	右进气	237	57	316	101

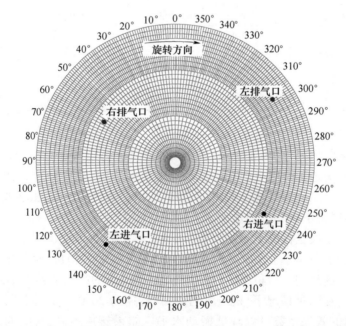

图 5.30 (见彩图)第二临界转速为 2650r/min 时跳闸(4mil P-P/主要部分)

下面确定需要安装的配重质量,通过从表 5.14 中获取每个传感器的 2650r/min 振动数据,并将其除以相应的效果系数,得出将振动降至零所需的配重。一般来说,零振动的平衡很难实现,通常根据制造商建议或振动标准进行平衡,使振动处于可接受的水平。作为旁注,平衡到极低水平可能会对系统的稳定性产生负面影响,这在高压汽轮机中是出现过的。这种计算零振动所需配重的方法可以用于确定多传感器转子的最大和最小配重范围,如表 5.15 所列。

表 5.15 零振动的配重添加量

		计算零振动的配重质量(以 2650r/min 启动跳闸)		
序号	标签	1×AMP 测量值	效果系数/(mil P-P/oz.)	添加的配重质量/oz.
1	左排气	9.254	0.161	57.478
2	右排气	7.777	0.174	44.695
3	左进气	9.891	0.171	57.842
4	右进气	8.169	0.170	48.053

表 5.15 给出了应该安放的配重质量范围应为 44.695oz. 和 57.842oz. 之间。选取大于 44.695oz. 的配重质量,会导致右排气端的效果向量通过 O 并从 0 开始增加。选取小于这些值的配重质量(如表 5.15 所列)会导致其他传感器的效果向量达不到预期的零值。

开始该过程时,使用最小的配重(配重),然后绘制预期的效果向量,以确认这是否足以满足其他传感器的可接受配重质量范围;要确定效果向量的长度,可将 44.695oz 的配重质量乘以相应的效果系数,并将其乘以相应的效果系数,表 5.16 和图 5.31 显示了这些值。

表 5.16 效果向量长度的计算

		计算 44.695 oz 下的效果向量长度 (以 2650r/min 启动跳闸)		
序号	标签	增加的配重质量/oz.	效果系数/(mil P-P/oz.)	效果向量长度/(mil P-P)
1	左排气	44.695	0.161	7.196
2	右排气	44.695	0.174	7.777
3	左进气	44.695	0.171	7.643
4	右进气	44.695	0.170	7.598

表 5.16 中的值给出了配重位置的预测响应长度,为了确定效果向量的方向,必须确定所使用的配重位置与理想配重位置之间的差异,确定以 109° 为配重位置角度,使用每个理想配重角度减去 109°产生一个正角度或负角度,这个角度是向量直接指向原点的旋转角度,其中负角度表示需要顺时针平衡配重来旋转效果向量使其指向原点量指向原点,正角度则需要逆时针配重平衡(表 5.17)。

① 1oz. = 0.02835kg

表 5.17 效果向量方向的计算

计算效果向量方向(以 2650r/min 启动跳闸)				
序号	标签	理想配重角/(°)	实际配重角/(°)	偏离原点的角度/(°)
1	左排气	113	109	4
2	右排气	110	109	1
3	左进气	111	109	2
4	右进气	101	109	-8

图 5.31 给出了机组根据之前在 2664r/min 时的效果向量而确定的在排气端面 109°处安装 44.69502 配重质量后的预测响应值。粉色虚线为理想配重位置所指向的效果向量与预测的实际配重所指向的效果向量的对比。

图 5.31 表明这种配重平衡可使振动水平预计降低至 4mil P-P 以下。它还表明稍微增加配重可以进一步改善 4 个传感器中 3 个传感器的振动水平。如果需要,可以花时间调整配重,使所有轴承具有大致相同的振动水平,但这种情况是不切实际的,最可行的方法通常是在某个传感器所在方向上增加配重。

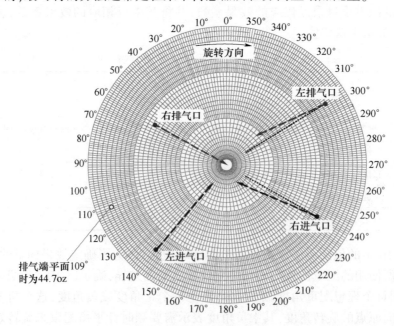

图 5.31 (见彩图)第二临界转速 2650r/min 时在排气端 109°角向位置处采用 44.695oz. 的平衡配重对应的预测响应值(4mil P-P/主分区)

5.10 共用轴承转子的平衡

同时支承两个转子的通用轴承称为共用轴承,为了平衡共用轴承系统,需将所有转子作为一个系统而非单个转子进行分析,整个轴承系的不平衡向量需要与系统的模态振型一起计算。图5.32展示了共用轴承转子系统的系统模态振型和不平衡向量。

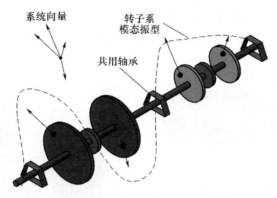

图5.32 具有质量不平衡向量和系统模态振型的共用轴承转子系统

通常,共享轴承系统采用的平衡技术与双轴承支承转子系统相同,如在转子系统模态振型中观察到的,转子在端部呈现静态模态,在中间表现为动态模态。因此,端面的平衡配重均安装在相同的角向位置,但是对于中间面来说,配重则安装在转子系统端面180°的角向位置。

5.11 带离合器的转子系统

如图5.33所示,离合器用于连接和断开汽轮机与机组其余部分。液压离合器中使用棘爪在操作中不断接合和分离,因此它们往往会出现磨损,这会导致偏心率实际值比棘爪最初设置值更大,因此离合器中的质量不平衡会增加,有时会超过可接受的振动水平。因此对于带离合器的转子系统,需要更严格的轴对中公差,以降低离合器轴承的振动水平,如果在离合器轴承中经历重复的振动水平,则需考虑修理或更换离合器。

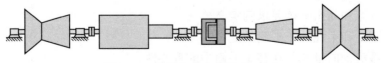

图5.33 转子与离合器接合/分离

5.12　常用平衡配重

图 5.34 显示了转子平衡中常用的一些平衡配重。通常使用两种类型的平衡配重。螺纹配重,固定在匹配的钻孔和螺纹孔中和滑动配重,滑入转子的机械加工槽中。

图 5.34(a)和(b)为螺纹配重结构,图 5.34(c)显示了在转子平衡面上所加工的 360°转子槽中使用的滑动配重,平衡配重由钢或铂制成。沸水核反应堆的汽轮机中则采用特殊合金材料,安装在电机转子的鼓风机轮毂上的滑动平衡配重如图 5.35 所示。

图 5.34　平衡配重　　　　图 5.35　电子转子上的端面平衡配重示例

5.13　小结

本章对转子平衡进行了以下讨论。
(1) 转子跳动导致偏心,导致质量不平衡。
(2) 静态和动态平衡要求的定义。
(3) 刚性和柔性转子平衡的定义。
(4) 慢滚动向量及其在转子平衡中的重要性。

(5) 生活中的转子平衡真实案例。
(6) 常用平衡配重和材料。

参考文献

[1] ISO 7919-2 (2009) Mechanical vibration-evaluation of machine vibration by measurements on rotating shafts.
[2] ISO 10816-2 (2009) Mechanical vibration-valuation of machine vibration by measurements on non-rotating parts.
[3] ISO 10814 Mechanical vibration-susceptibility and sensitivity of machines to unbalance.
[4] Bentley D E, Hatch C T, Grissom B. (2002) Fundamentals of rotating machinery diagnostics. Bentley Pressurized Bearing, Minden.
[5] James M L. (1994) Vibration of mechanical and structural systems: with Microcomputer applications. HarperCollins College, New York.

第6章
转子系对中

6.1 引言

虽然转子的动态特性对机组设备平稳和连续运行非常重要，但转子的静态对中也同样重要，这是因为严重不对中的轴可能会导致过度跳动，从而产生剧烈振动。在透平系统中，不对中的轴在被修复前可能无法运行，在轴系不对中的情况下，系统停止运行，导致的停机、重新对中，甚至拆开外壳盖等措施导致的停工和效益损失，会给行业带来巨大消耗。叶轮机械中超过一半的强制停机是由不对中引起的，本章讨论影响轴对中的参数、轴校准参数的测量、重新校准方法和最后对轴系进行校中验证，确保平稳运行。

6.2 总则

转子的动力学知识在前面的章节中进行了讨论。本章研究转子系统在装配过程中静止状态下或转子系统在静止时的转子对中。如前所述，由于停机时间、修复问题的成本、发电损失以及由于机器不可用而产生的费用等原因均是轴系不对中给行业带来损失。透平器零件中如轴承、转子-定子密封、由于间隙变化而产生的联轴器、螺栓磨损、轴跳动过大，都会引起轴系不对中。

轴对中也称为联轴器对中，是调整轴在垂直面和水平面上保持共线的过程。可以使用传统工具(如千分表、量规、卡尺、直尺)实现转子对中。现代和先进的方法使用光学和/或激光系统。

轴对中过程包括确定径向位移和轴向间隙所使用数据的采集与分析计算。两种不同的轴对中原理在电力行业中很常见，它们是在轴承处以零弯矩(BM)对齐轴和在联轴器处以零弯矩对齐轴。因为它们试图实现相同的目标，所以两者之间没有明显的优势。

两种类型的转子支承系统为:两个轴承支承一个转子;两个转子共用单个轴承。

在双轴承支承的转子系统上,轴承受到的力干扰被限制在该部件内。因此,轴系不对中力分布在轴承两侧的两个联轴器上。产生的力振幅相对较小,并且更容易识别造成错位的耦合。因此,每个转子具有两个轴承的转子系统可以容忍较大的耦合面和轮缘畸变。

相比之下,单个轴承需要分担两个转子的载荷。与双轴承转子系统相比,一个联轴器产生的变形更大。因此,在共用轴承单元上,需要具有更严格公差的对中轴,以实现更平稳的操作。若联轴器组件中未采用更严格的公差,则在机组使用寿命的短时间内可能会导致不可承受的轴振动。

此外,很难确定是哪个部件引发了共用轴承系统的过度振动。在某些情况下,还发现,系统中一个转子的质量不平衡位移可能会激发另一个转子,该转子与引发质量不平衡的转子没有直接连接;在某些情况下,工作转速下的轴振型可能给出警示。

带离合器系统的转子传动系统甚至对微小的轴不对中也表现得更加敏感。通常,离合器接合系统中偏心率的增加会导致棘爪间隙过大,从而导致剧烈振动。因此,使用离合器系统运行的机器需要更严格的轴对中公差,以便长时间无故障运行。

本章专门讨论轴对中过程的所有要点,介绍了一种适用于所有零部件的对中方法,这些零部件都将影响叶轮机械的对中特性。

6.3 透平总成

透平由安装在非旋转的静止机匣内的转子组成。这些机匣是周向和轴向固定的,并被支承和锚定在混凝土基础上,涉及转子与壳体对中的零部件,主要包括内机匣和外机匣、压盖机匣、止推组件、轴承机匣、水平连接件、套管锚和定心梁等。

透平装配的关键点:透平组件要与对机匣底部对齐,并且匹配转子的挠度曲线,转子与静止部件之间的密封间隙应按照设计进行调整;然后将汽缸安装固定在基础锚上,设置轴向固定锚,以适应转子的热膨胀差异。

透平汽缸包括包围叶片转子的内机匣和外机匣。对于汽轮机,内机匣主要支承固定叶片组(引导蒸汽流经旋转级)和推力密封环;外机匣包围和支承内机匣、内压盖密封圈和排气罩结构,设计用于容纳低压透平中的末级叶片;内壳和外壳在水平接头处分开,并用螺栓固定,如图6.1所示。在某些情况下,高压汽轮机是一个垂直倾斜的整体式筒体结构,这样便于在工厂将转子组装到筒体内部,穿过锚栓将外机匣固定在混凝土上。

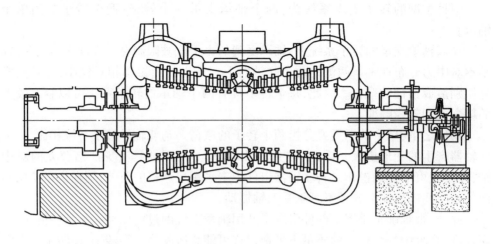

图 6.1 内外壳和转子组件

透平对中的关键是使转子凹槽与汽缸支座的形状对齐。一般来说,固定密封和旋转密封被设置为设计的冷间隙,这样当转子在运行过程中处于最大热状态时,就可以实现不间断的转子位置(转子和固定密封件之间无摩擦)。透平对中考虑了滑动轴承支承的转子上升、转子、叶片、机匣和相关部件的热膨胀,包括地基沉降变化等。

地脚螺栓将外机匣牢固地固定在混凝土基础上。通常建筑工程师(architect engineer,AE)依据转子的动态设计数据来避免混凝土基础频率干扰转子临界转速。混凝土垫层的设计要严格符合电厂所在地区的标准,合理设计的地脚螺栓也能承受所有类型的预设荷载,建筑工程师在基础结构设计中会应用下列外部荷载。

(1)线路短路故障负载。

(2)附近重型设备和电厂产生的冲击荷载。

(3)当地土壤条件及其吸收额外荷载的能力,在一些极端情况下,填充高质量的砂以提高地基刚性。

推力轴承设计用于控制转子的轴向运动,从而将转子定位在设计轴向行程内;推力轴承包含推力轴承被锚定到基础,并通过中心梁固定。

6.4 转子轴系对中

转子对中基本上是指对中联轴器边缘和端面,以保持同心度和平行度。理想情况下,完全对齐的联轴器在联轴器接头处的偏心率为零,这导致在联轴器处的不平衡激励为零,因此可以保持良好的轴系对中。事实上,总是存在一定量的偏心,可能会触发低水平的振动,并可能增加整个轴的振动,下面将使用实验室联轴器详细讨论联轴器对中。

6.4.1 联轴器间隙和位移

如图6.2所示,使用一个简单的实验台演示联轴器对中测量,联轴器的两端处于打开(未螺栓连接)状态,支承联轴器法兰的轴由轴承支承;关键点在于,为了获得理想的轴和联轴器对中状态,两个轴端必须同心且联轴器法兰面彼此平行。

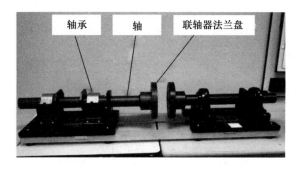

图6.2 实验室联轴器实验台(由西门子公司提供)

如图6.3所示,轴中心线不是同心的,但是轴彼此平行;轴的这种状况导致轴偏移,称为曲柄或偏心,这种类型的错位称为"平行轴错位"[1-2]。轴的偏心会导致质量不平衡,从而导致振动,由此产生的质量不平衡会产生离心力或不平衡力,其大小取决于轴的转速;联轴器连接处较大的偏心可能会产生过大的不平衡力,从而以不可接受的振动激发联轴器,在联轴器法兰处测量的这种径向偏移或偏心称为径向偏心。

当轴发生弯曲,使轴中心线以图6.4所示的角度相交时,与之相关联的联轴器法兰面变得不平行,这种类型的错位称为"角度错位",这会在两个联轴器之间产生锥形或不平行的法兰面,称为"端面跳动",在联轴器面之间产生"不同的轴向间隙"。两个联轴器法兰盘配合面之间的偏移可以在两个配合面的周边具有不相等的轴向距离,通过旋转联轴器的一端,同时保持另一端端部固定时,可以将配合面与配合面之间最小的轴向间隙对齐,这个过程称为"计时"。时钟通过将低点与高点相匹配来帮助平衡差距,反之亦然。这使得两个面几乎彼此平行,可以在垂直平面和横向平面上测量间隙。

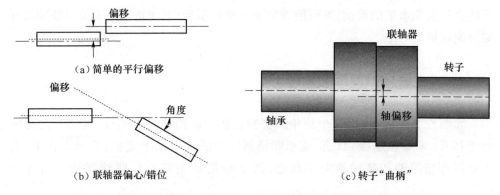

图 6.3 轴中心线偏移、联轴器位移(显示轴偏心/未对中)与转子曲柄

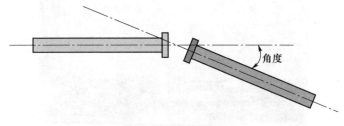

图 6.4 轴的角偏移

6.4.2 如何在现场测量配合位移和间隙

用于测量线性位移的一些简单工具如图 6.5 所示,分别是卡尺、量规、直尺等。

图 6.5 用于测量线性位移的简单工具

图 6.6 的两个视图显示了安装在半联轴器一端的千分表,并测量另一半联轴器的轮缘读数。如图 6.6 所示,在一个联轴器轮缘(驱动端)上安装千分表,测量另一个联轴器轮缘(从动端)上的读数。从上止点 0°或 360°开始,将所有刻度盘读数记录在数据表上,通常的做法是获得 16 点测量(在 22.5°的间隔)为一组的轮缘偏移数据,旋转联轴器的驱动端,直到一个完整的旋转完成,使刻度盘回到 0°或 360°。如果对联轴器轮缘进行更多的读数,就可以精确地得到轮缘偏置情况,将千分表安装到另一侧,并同样使用千分表测量轮缘读数,仍然测量 16 点读数,利用获得的数据确定最佳轮缘位置。

图 6.6 千分表测量轮缘读数(由西门子公司提供)

如图 6.7 所示,在将千分表安装在支架从动端的同时,将对中支架安装在联轴器面的驱动侧,以测量联轴器轴向面测量值。该测量提供配合面从动端的面读数,以与轮缘测量相同的方式读取 16 点读数,将支架切换到另一面(前一个驱动面)并测量驱动侧的面读数,再次进行 16 点读数。

如图 6.8 所示,记录联轴器轮缘位移和轴向面间隙。

6.4.3 基于测量数据进行对中

记录的轮缘读数可以转换为对中位移,位移如下:
垂直轮缘位移=(0°边缘读数−180°边缘读数)/2;
横向轮缘位移=(90°边缘读数−270°边缘读数)/2。

相对于另一端升高或降低联轴器的一端可以帮助调整联轴器边缘跳动或位移;跳动减少实质上减少了轴的偏心量,并导致联轴节处的质量不平衡减少,测得的径向跳动或偏移称为"联轴器曲柄"。过大的联轴器曲柄会导致过度振动,位于转子中部的平衡平面可能无助于平衡由联轴器处的曲柄引起的局部质量不平衡,

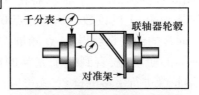

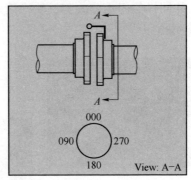

图 6.7 千分表测量配合面读数(由西门子公司提供)

16点联轴器检查
客户：
工作编号：
单位序列号：
单位地址：
BB/帧：

拆卸　　　装配

轮辋检查：				
顶部	左侧	底部	右侧	复检

端面检查				
位置	顶部	左侧	底部	右侧
1				
2				
3				
4				
总计	0	0	0	0
平均数	0	0	0	0

在联轴器上安装指示器支架时进行检查
注意查看电机周围的情况
输入4个90°联轴器检查的平均值外围

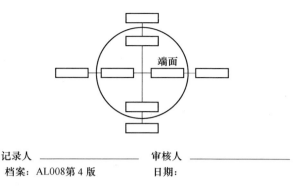

记录人 _____ 审核人 _____
档案：AL008第4版　　　　日期：

图6.8　测得的联轴器位移和间隙的示例数据表（由西门子公司提供）

平衡联轴器曲柄的有效方法是在联轴器边缘或联轴器面后面钻平衡孔，可用于添加平衡校正配重。

类似地，使用匹配联轴器每个面上的面测量来评估联轴器轴向间隙，再减去在相同角度位置测量的间隙读数以获得最终间隙。

例如，垂直间隙＝0°间隙－180°间隙，若0°处的间隙读数大于180°处的读数，则计算出的垂直间隙称为负间隙；若0°处的间隙小于180°处测得的间隙，则该间隙称为正间隙。

相似地；横向或横向间隙＝90°间隙－270°间隙。

耦合面的同步是为了减少轴向差异间隙。

图6.9(a)显示了LP耦合面两端的差分间隙，它们与左侧对应的IP耦合和右侧的电机耦合匹配。IP和LP端耦合面在顶部具有较小的间隙（低）和在底部具有较大的间隙（高），LP和电机耦合面的间隙正好相反。

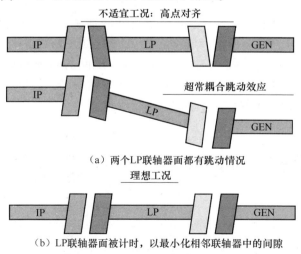

图6.9　联轴器端面跳动情况

两个 LP 耦合端都通过各自与 IP 的耦合部分进行计时,使高点与低点对齐,反之亦然。对中后,两端的 LP 耦合面与匹配的 IP 和电机耦合面平行。如图 6.9(b) 所示,这个例子展示了如何有效地利用时钟来最小化耦合面之间的轴向间隙。

6.5 转子对中的两种不同原理

如前所述,转子联轴器对中可以通过零弯矩(zero-bending moment, BM)在轴承处或在联轴器处对中轴。对于支承每个转子的两个轴承,将轴承处的弯矩设置为零,相对更容易对齐轴;而联轴器处的弯矩设置为零,则适合对中共用轴承系统的轴,因为轴是使用联轴器止口对中的,需要通过计算以确保在轴承或联轴器处实现弯矩为零的轴对中。

6.5.1 联轴器对中的影响:共用轴承系统和双轴承系统

如前所述,与单独由两个轴承支承的转子系统相比,对于持续的低水平转子振动,位移和间隙的公差要求更严格。需要进行分析,以获得同时满足可接受轴承载荷和高周疲劳极限的位移和间隙范围,也有助于现场工程师选择可行的路线。

6.5.2 每个转子由两个轴承支承的转子系统联轴器对中

"联轴节"即可让我们讨论图 6.10 所示中每个转子由两个轴承支承的转子系统的联轴器不对中公差(位移和轴向间隙),其中有 6 个串联组装的转子单元,转子从左到右编号,在联轴节的一端,超过设定的联轴器位移和/或间隙公差的对中变化对联轴节的另一端在振动和轴承金属温度方面的影响很小或没有影响。例如,在图 6.10 所示的转子系中,轴承 2 和轴承 3 之间的联轴节的不对中对轴承 4 和轴承 5 之间的联轴节的另一端影响很小。换句话说,转子联轴器一端的不对中可以在不影响其他联轴器对中的情况下进行纠正。

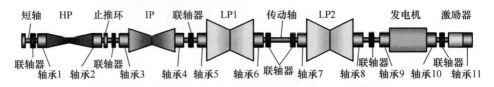

图 6.10 "每个转子系统配两个轴承"的转子系配置

如图 6.11 所示,关于两个相邻轴承 2 和轴承 3 之间的未对中联轴器,以及它对轴承载荷的影响。轴承 2 和轴承 3 支承在同一轴承座上,轴承 2 支承转子 1 的电机端(GE),轴承 3 支承转子 2 的透平端(TE),假设轴错位发生在轴承 2 和轴承 3 之间的联轴节处,卸载轴承 2,轴承 3 加载,在这种情况下,空载轴承 2 的温度将低于标称值,而轴承 3 负载端的温度将高于标称轴承温度。这个例子表明两个相邻轴承上轴承温度的变化(与标称条件相比)可以确认轴未对中,不对中的情况仅限于一个跨度,其优点是可以在不影响轴系其余部分的情况下对其进行纠正。

转子主要通过油膜轴承径向支承在轴颈位置,如图 6.11 所示,转子 1 上的连接法兰(位于轴承 2 之后)的电机端(GE)与转子 2 上匹配的透平端(TE)连接法兰(位于轴承 3 之前)组装成联轴节,如此组装的联轴节由螺栓固定和紧固,耦合对中所涉及的过程已在第 6.4.1 节中讨论过(图 6.12)。

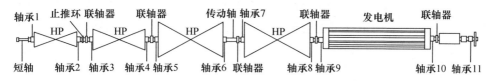

图 6.11 两个转子组件之间的共用联轴器

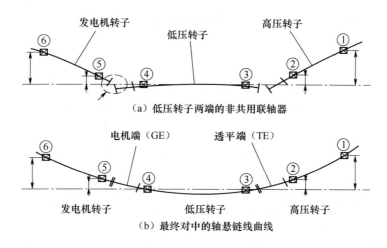

图 6.12 联轴器对中过程(由西门子公司提供)

6.5.3 多跨度转子系统中的对中

对于多跨度转子系统,可以将转子的两个轴承设置在称为"基准轴承"的零位置,其余转子的悬链线曲线可以设置为在各自联轴器处具有可接受间隙和位移的可接受轴承载荷。图 6.13(a)所示的三转子系统将轴承 3 和轴承 4 设置为基准(或零弯矩),轴系的其余部分已准备好对中。

在某些情况下,转子联轴器连接到称为"杰克轴"(JS)的延长轴,如图 6.12(a)所示,杰克轴位于轴承 2 和轴承 3 之间以及轴承 4 和轴承 5 之间,每个杰克轴有两个联轴器端。在这种情况下,当另一端固定时,杰克轴的一个联轴器是自由的,在执行联轴器对中时,则刚好相反。此外,转子系的悬链线曲线是在联轴器端对中并用螺栓固定后设置的,如图 6.12(b)所示。

6.5.4 轴对中如何控制弯曲应力

轴对中的目的是减少轴中小圆角和凹槽区域的弯曲应力,这些区域通常位于与轴承和/或压盖相邻的悬臂轴区域。由于轴弯曲载荷、轴扭矩载荷(由于转子扭曲引起的剪切应力)和蒸汽压力的组合产生的应力会在小圆角区域累积。随着速度和负载循环,它们最终可能会超过设计允许的疲劳寿命限制,持续暴露在严重的工作负载下可能会引发转子裂纹。因此,保证轴正确对中是使转子系统保持在设计允许范围内连续无故障运行的重要前提。

6.6 共用转子支承轴承的联轴器对中

图 6.13 显示了一个"共用轴承转子系统"的示例,其中一个共用轴承部分地分担了两个转子的负载。实质上,两个转子总共由 3 个轴承支承。对于具有 1 个 HP-IP 和 2 个 LP 转子的透平,4 个普通轴承支承 3 个转子端。

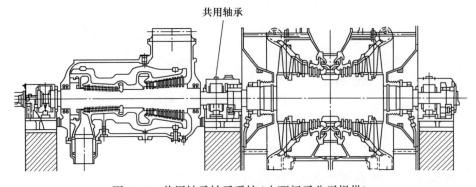

图 6.13 共用轴承转子系统(由西门子公司提供)

在工厂平衡期间,没有轴承的转子端由作为第二个轴承的短轴支承,对于这些转子配置,共用轴承端的联轴器仅通过调整间隙在现场对中,为了使轴对中以获得最小的跳动条件,应在联轴器止口中调整位移,为了适应这一点,两个半联轴器在套孔和匹配的止口之间设计有间隙。可以在 0°、90°、180°、270°的每个象限设置处测量间隙,并使用最高的垂直或横向间隙值为准在 0°处重新检查。通常,建议使用 ±0.002in(0.05 mm)的最大公差带来对中联轴器位移和间隙,然而转子设计决定了标称和最大耦合间隙与位移。

6.7 径向跳动测量的一般准则

如图 6.14 所示,测量联轴节边缘和相邻轴区域的跳动量始终是一种好方法。在轴和联轴器的外表面上总共进行 4 次径向跳动测量,这将有助于了解转子轴系统的跳动情况,以便更好地对中轴,这些测量也有助于加工处理过大轴跳动。

如图 6.15 所示,为每个转子系统(45°线)和共用轴承系统(阴影区域)的两个轴承提供了位移和间隙的通用公差指南。可以看出,对于共用轴承转子系统,建议采用更严格的公差,因为即使轴偏差很小,它们也会变得非常敏感。使用每个转子系统的两个轴承的振动和轴承温度数据,可以轻松判断如前所述的联轴器未对中,共用轴承转子系统上的不对中联轴器可能会在两个或三个跨度之外的转子中引发振动。因此,有时诊断共用轴承转子系统的振动症状成为一个挑战,强烈建议共用轴承转子系统要始终保持更严格的公差。

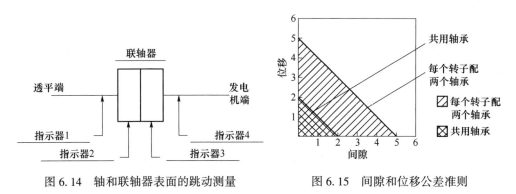

图 6.14 轴和联轴器表面的跳动测量　　图 6.15 间隙和位移公差准则

如图 6.16 所示,弯曲轴转动也会导致轴和联轴节边缘出现偏心。因此,未对

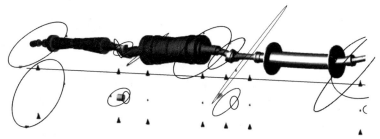

图 6.16 转子系中的轴未对中示例

中的轴在运行中表现出较高的振动程度,这取决于它们是空载轴承还是负载轴承,各种轴心轨迹突出显示了轴承位置由于轴弯曲而显示的尖锐和狭窄的椭圆轨迹。

6.8 轴对中的其他准则

为了在转子轴系中保持设计对中,重要的是使轮缘和端面跳动在设计公差范围内。然而,除联轴器间隙/位移对中之外,还有另一个有助于保持联轴器接头紧密公差的元素是"联轴器螺栓"。将轴和半联轴器对中到推荐的公差后,对联轴器孔进行线铰孔或珩磨,以容纳将两个半联轴器保持对中的螺栓作为一个实心接头,螺栓被预拉伸、扭转,并通过螺母拧紧到联轴器的两个外端面上,以更紧密地配合半联轴器。

6.8.1 联轴器螺栓磨损

当联轴器表面和接头的压力、摩擦力导致螺栓螺纹卡住时,就会发生磨损,这也被称为"冷焊";一旦紧固件被磨损卡住,几乎不可能在不切断螺栓或螺母的情况下将其拆下。

螺栓杆的直径和螺栓的数量是根据连接接头传递的扭矩确定的。在使用中,联轴器螺栓可能会在螺母内表面和联轴器外表面之间的接触点磨损,磨损会导致螺栓体上的螺栓直径不均匀(如图6.17中点1和点2处的可变直径),这可能会导致联轴器松动,最终导致错位。因此,联轴器螺栓由高强度材料制成,以与联轴器法兰材料相匹配。

有时,螺栓孔或螺栓表面可能加工不平整。如图6.18所示,位置1~4的螺栓孔可能不均匀,孔和螺栓中的此类不平整表面可能会导致螺栓松动和错位;有时,不均匀的孔会产生"椭圆度"或非圆形孔,如果测量存在椭圆度,建议将螺栓孔清理成圆形,螺栓尺寸不均匀会导致螺栓剪切,最终导致错位。

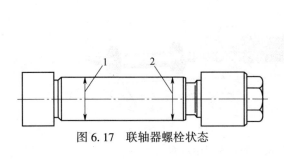

图6.17 联轴器螺栓状态

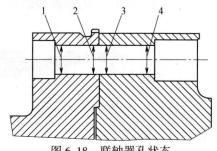

图6.18 联轴器孔状态

6.8.2 止口配合间隙/干涉的要求

联轴器止口用于保持联轴器连接的更紧密。图 6.19 显示了一个联轴器止口，在每个转子系统有两个轴承的典型工况下，联轴器止口以冷装过盈装配，通过移动半联轴器来校正位移和间隙。

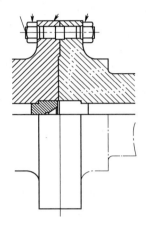

图 6.19 联轴器止口配合

对于共用轴承的转子系统，止口有正间隙。由扭结或永久弯曲而产生的任何较小径向跳动都可以通过止口间隙进行调整，而间隙或轴向跳动则在用螺栓固定联轴器之前进行"时针式转动"调整（一个面相对于另一个面旋转）。但是不均匀的止口间隙会导致联轴节面配合偏心，并最终导致错位。

6.9 其他轴对中方法

除激光对中仪用于获取上述轴对中数据所需的传统机械工具之外，在某些情况下，还需应用诸如激光对中仪等现代工具来测量相同的数据。激光对中设备利用激光束发射器和接收器在高公差范围内实现对中测量。

在制造阶段，当转子系统进行对中时，用激光束测量相对于参考点的轴高度和联轴器位移。通过已安装的激光设备，该参考数据持续用于捕捉或监测运行过程中的轴运动状态的变化。

在某些情况下，轴承结构横向（或水平）变形，会导致轴承错位，而且显著变形会导致轴瓦和轴颈之间的间隙变得不均匀。因此，曾有报告显示，轴承空载会导致横向（或水平）方向出现次同步涡动。

6.10 小结

本章介绍了以下内容。

(1) 机匣与转子的精确对中有助于避免系统运行中的密封碰磨问题。

(2) 轴或联轴器径向和轴向跳动对转子对中的影响。

(3) 两种不同转子支承系统之间的显著差异,即每个转子由两个轴承支承和共用轴承转子系统及其对转子系对中的敏感性。

(4) 共用轴承转子系统需要严格的对中公差,以保持良好的轴对中。

(5) 螺栓加工中遵循严格公差的重要性及其保持对中的作用。

参考文献

[1] Piotroswski J. (1995) Shaft alignment handbook. Marcel Dekker, Inc.
[2] Wowk V. Machinery vibration: alignment. McGraw Hill.

第7章
转子的状态监控

7.1 引言

在学习完转子和结构动力学理论及评估最相关参数的工具后,系统地运用这些理论和工具就显得尤为重要。机械健康诊断与人类健康诊断相似,为推断人体问题的本源,医生可能会针对患者呈现的症状来进行基本信息和重要信息的分析,诸如体温、心跳、脉搏等信息用来进行初步分析。随着对问题进一步诊断,还需要更多的数据。与此相似,重要的症状(关键数据)也可用来诊断机械问题。后面将讨论叶轮机械的故障诊断细节。

7.2 通用情况

本章介绍叶轮机械问题的诊断程序和用来记录与监测数据的诊断工具,诊断结果可以用来判断机组是否能够持续运行,它可以在工况稳定下来之前进行监控,也可以监控振动水平在超过 ISO 振动标准规定的限制时及时停机。为推断叶轮机械的健康状况,需要轴承金属温度和振动水平两个主要的参数。在初步诊断的基础上,可能需要额外的数据来对问题进行深入的分析。本章将逐步介绍导致机械问题的根本原因,诊断包括获得相关数据用到的工具、确认和解决问题时所进行分析的详细描述。

7.3 诊断数据和诊断工具

诊断工具随着用于分析的监测数据类型而有所不同,如振动和轴承金属温度等最基本的数据对于旋转机械状态监控是必需的。

旋转机械诊断所需的数据包括:振动,油膜压力与轴承温度,速度与载荷,叶轮机械内特定位置处滑油蒸汽或空气的压力。

机械诊断所采用的基本振动测量如图 7.1 所示,主要包括:加速度(a)、速度(v)、位移(d)。

图 7.1 表示转轴相关参数的振幅值随时间的变化,该振幅值之间显著的关系如图所示,速度滞后于加速度 90°,位移滞后于速度 90°,加速度和位移之间的相位差为 180°。

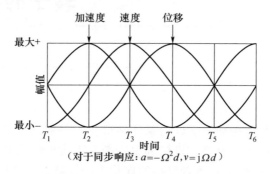

图 7.1 振动数据的不同类型

叶轮机械的振动测量主要针对转子和轴承支承结构,转轴振动的测量仪器采用非接触式位移计,也称为转子运动传感器或轴位移传感器。结构的振动通过直接安装在实体结构上的加速度计来测量,转轴振动数据通常被称为转轴相对振动(SRV),是相对于静止结构的振动测量,振动传感器直接安装在轴承结构或靠近轴承的结构上,用来监测如图 7.2 所示的转子。

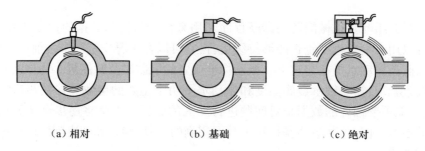

图 7.2 不同转子振动数据的测量

7.3.1 转轴相对振动测量

转轴相对振动(SRV)数据有助于推断轴承油膜内转轴运动幅值。所测得的数据可提供轴承间隙内转轴的相对位置信息,而转子的响应模式可反映产生问题的力,包括质量不平衡、质量损失、转静摩擦、油膜振荡、滑油蒸汽涡动及其他的瞬态情况等。

20世纪70年代以来,感应式非接触位移计已经应用于转轴相对振动的测量,位移计的尖端朝向转轴的外表面,位移计尖端与转轴表面的间隙必须设置在传感器电场的线性范围之内。轴的运动测量本质上测的是直流间隙电压的变化。因此,直流间隙电压的变化对应于在间隙空间内的转轴运动,直流间隙电压变化被标定为相应的转轴运动,测量单位通常为 mil 或 μm。

转轴相对振动的测量有助于确定临界转速、不平衡响应、转子与机匣的摩擦、转子破裂及任何与转子相关的异常情况,也可测量得到转子谐波谱图作为转轴相对运动的量度。(国际标准组织)ISO 20816-2 标准为大型叶轮机械转轴相对振动水平提供了指南,美国石油学会(American petroleum institute,API)标准也可用于小型工业透平、化工过程装备、食品处理、制糖工厂和造纸厂等。图 7.2(a)展示了用来测量转轴相对振动的位移计位置。位移计置于静止结构的支架上,如图 7.3 所示。

图 7.3　安装于轴上用来测量振动特征的位移计

7.3.2　结构的基础振动测量

结构的基础振动(SV)测量主要是针对诸如轴瓦及其支座结构等构件的振幅,对于基础振动测量,加速度或速度传感器通常附加于结构本体,如图 7.2(b)所示,所测得的数据单位是 in/s 或 mm/s。加速度或速度信号转换为以 in 或 μm 为单位的位移值,以监测稳态运行转速下的转轴状态;对于蒸汽透平、燃气透平和电机,基础振动提供了轴承支承基架的振动,尽管支承结构对应于由不平衡力施加在转子上的力,但是基础振动并不能确定转子的临界转速以及其他的转子驱动频率;ISO 20816-2 也提供了轴承结构振动水平的唯一指南,转轴绝对传感器与基础振动传感器如图 7.4 所示,传感器被放在 12 点位置两侧的相似角度位置(30°、45°或其他角度)。

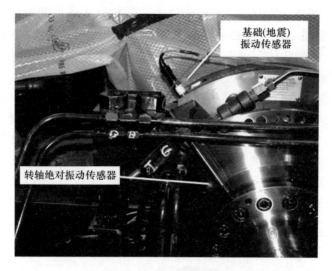

图 7.4　转轴绝对振动传感器和基础振动传感器

7.3.3　转轴绝对振动测量

转轴绝对振动是包含相位角在内的转轴与轴承结构运动的净效应,用来测量转轴绝对振动的传感器如图 7.2(c)所示,当转轴的角位置与轴承结构传感器相一致,通过将转轴绝对振动与基础振动幅值的直接叠加来获得绝对振动,经验法则是如果转轴绝对振动与基础振动的相位差在 30°之内,那么直接将两者的幅值叠加,这几乎等于转轴绝对振动的直接测量。表 7.1 列出了调谐系统几个轴承位置的转轴相对振动、基础振动和绝对振动的测量值,其清晰地显示了 3 个测量值之间的关系,该表呈现了 4 个轴承位置(由轴承 3 至轴承 6)的转子振动水平。例如,3 倍和 5 倍转轴振动相位角与基础振动相位角非常接近(30°之内)。因此,转轴相对振动幅值与基础振动幅值的直接叠加(不包含其相位角效应)可与转轴绝对振动测量水平相对应。表中的其他数据表明,为获得正确的转轴绝对振动水平(表 7.1),应考虑转轴相对振动与基础振动振幅位置的精确相位角信息。基础振动传感器是一种加速度计,用于测量轴承结构的振动。转子位移传感器是一种位移计,用来测量相对振动。

转轴相对振动与基础振动测量对于与转轴和/或支承结构相关的绝大多数问题已足够精确,ISO 20816-2 提供了转轴和轴承结构振动水平(有时称轴承盖)的指南。

表 7.1　不同轴承位置的轴振动测试

轴承#	幅值/(in/s)	相位/(°)	转速/(r/min)	基础振动		相对振动		绝对振动	
				幅值/mil	相位/P-P	幅值/mil	相位/P-P	幅值/mil	相位/P-P
3Y	0.15	334	1800	1.6	64	1.40	12	2.7	41
3X	0.17	348	1800	1.8	78	1.20	98	3.0	86
4Y	0.14	143	1800	1.5	233	0.97	301	2.1	259
4X	0.10	168	1800	1.1	258	0.39	137	1.0	237
5Y	0.17	18	1800	1.8	108	1.64	65	3.2	88
5X	0.19	32	1800	2.0	122	1.83	149	3.8	135
6Y	0.17	189	1800	1.8	279	0.44	106	1.3	277
6X	0.10	202	1800	1.1	292	0.81	259	1.8	278

一些老的电厂仍然在采用转轴绝对振动水平来监测振动,如图 7.5 所示。轴座采用弹簧加载的铁氟龙传感器尖端,尖端始终与转子表面相接触,并用来测量转轴的绝对振动。铁氟龙传感器尖端出现磨损,所测得的振动水平要低于正常参考值,这正是铁氟龙传感器尖端需换新的迹象。需要注意的是,转轴绝对振动测量可能并不能确切地显示所测得的振幅是源自转子,还是来自结构。因此,出于准确诊断振动的目的,建议分别采集转轴相对振动和基础振动。

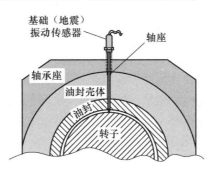

图 7.5　用来测量转轴绝对振动的轴座

7.3.4　轴承合金温度测量

轴承合金温度是指在轴颈与轴承之间或靠近最小油膜位置所测得的温度,将热电偶尖部置于尽可能靠近轴承巴氏合金表面的最小油膜厚度区域(有时热电偶尖部置于巴氏合金厚度一半的位置)。

轴承热电偶是小而紧凑的测量元件,用来测量轴颈和推力轴承中油膜温度的增量,一些热电偶的物理与材料要求如下。

(1) 轻质柔性的快响应传感器。

(2) 尺寸直径3mm(0.125in)单导线或绝缘双绞线或铅-青铜线或铜-康铜线或铁-康铜线等。热电偶材料与结构的选择必须与已有的T-G单位相匹配。

(3) 热电偶材料应抗磨损,且封装于不锈钢制的护套中。

(4) 设计温度从-50~177℃(-58~350℉)。

(5) 导线配有弹簧用于安装和固定上推垫圈。

(6) 防振、防潮设计。

测得的轴承合金温度表明轴承承受空载、适度载荷和/或重载的状态。这些温度值可提供空载轴承、转轴不对中、油膜振荡和/或滑油蒸汽涡动等的状态数据(连同转轴相对振动数据)。

7.4 载荷变化

叶轮机械内部蒸汽/空气载荷变化会引起轴承载荷变化,从而造成转轴振动的加剧。这种情况发生在针对部分电弧运动条件而设计的机器中,这些轴系中会因为蒸汽压力引起载荷激励,甚至发生气流振荡等自激振动行为。

7.5 压力变化

蒸汽透平中蒸汽压力的变化会引起气缸座与汽缸之间的温度变化。汽缸座到汽缸盖的温差过大会引起机匣变形、转子与静子之间的密封摩擦以及机匣进水,上述所有情况均会引起转子振动。

7.6 诊断数据

大多数有用的机器诊断数据可通过采用诸如①伯德图;②极坐标图;③频谱图;④轴心轨迹;⑤频谱轨迹来获得[2-7]。

X(垂直)方向和Y(水平)方向的正交传感器位置如图7.6所示,其测量转子的运动。如图7.7所示,由键槽或材料凸起所引起的信号不连续性均可出现在X和Y方向的数据记录中,两种方法均可提供与键槽相关的转轴相位角位置。通常情况下,传感器分别安排在上止点(12点位置)两侧45°位置。

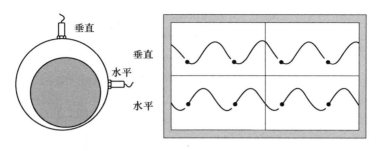

图 7.6 正交方向的传感器位置（X—垂直，Y—水平）

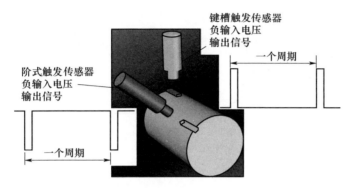

图 7.7 转轴的参考键槽和键槽

7.6.1 伯德图

伯德图可展示任意转轴位置上作为转子转速函数的振幅和相关的相位角。一个典型示例如图 7.8 所示，相位角是相对于转轴上参考键槽位置的测量值，其有助于根据需要确定轴系中的平衡质量并进行定位，伯德图用来观察转子在升速（启动）和降速（惯性停车）状态下的位移和相位角，伯德图有助于确定转子的共振转速。

在伯德图中可以注意到，每当转子通过其中的一个共振转速时，转子的振幅达到一个峰值。如图 7.8 所示的实例，转子的临界转速大约 1364r/min，与此相对应，当转子穿过共振转速时相位角变为 90°。

当假定相位角为 0°时，可观测到转子的一阶垂直临界转速响应在 89μm 或 3.5mil，90°P-P 位置。相位角增加的方向与转轴转动方向相反。同时可观测到转子二阶垂直临界转速为 3800r/min，在 90°P-P 位置具有约 114μm 或 4.5mil 的响应。

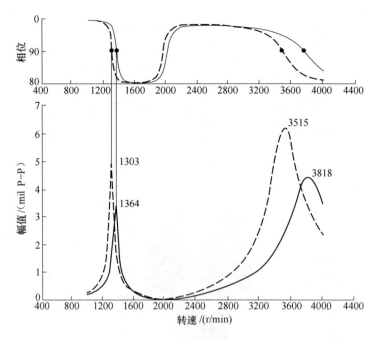

图 7.8 伯德图

7.6.2 极坐标图

极坐标图中的数据等同于前面讨论的伯德图。极坐标图如图 7.9 所示,其在极坐标中展示了转子的振幅和相应的相位角。该图给出了 0°~360° 范围内的相位角变化。极坐标图中 0° 位置指向传感器所在的角位置。可以很便捷地显示极坐标图中正交安置的位移计所测得的转子数据并进行对比。极坐标图包括由 0μm(或 mil)作为极坐标图原点的恒定振幅圆,其振幅增量为 25.4μm(1mil),如图 7.9 所示。

极坐标图中转子临界转速线是连接原点和转子最大转速,本例中的最大转速为 3600r/min。

很容易由极坐标图来评估 Q 因数,具体做法如下。

以图 7.9 为参考,转子的中心频率在转速为 3600r/min 下获得。两个边带频率可通过由原点出发的两条 45° 直线,每条直线分别位于中心频率的两侧,转速分别为 3420r/min 和 3960r/min。正如我们所知,Q 因数是转子峰值转速与两个边带速度的比值。本例的 Q 因数为 6.7。

相位角增加的方向与极坐标图中转轴旋转方向相反。

1 倍极坐标图显示了转子高点(峰值振幅)相对于传感器的位置,这种情况对

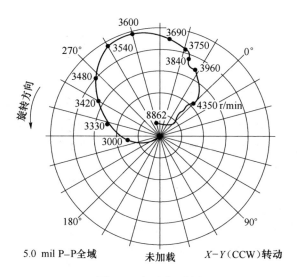

图 7.9 极坐标示例

于圆形轨迹是真实的,而对于 1 倍椭圆轨迹也是准确的。

图 7.10 给出了伯德图和极坐标图中相同的转子响应和相位角。图 7.10(a) 显示了极坐标图,从中可发现转子振幅和转子转速从零开始增加,并在一阶临界转速约 1850r/min 时达到最大值。相同的峰值响应幅值也存在于伯德图中,如图 7.10(b) 所示。与此相似,二阶转子临界转速 5250r/min 均可在两个图中看到。

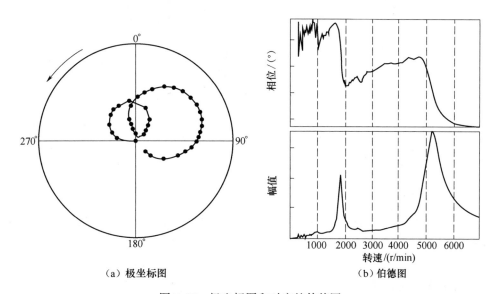

(a) 极坐标图 (b) 伯德图

图 7.10 极坐标图和对应的伯德图

7.6.3 轴心轨迹

极坐标图和伯德图显示的转轴相对振幅只是给出了转子振动数据,但并未显示油膜轴承内轴颈位置的轨迹。当由滑动轴承支承的转子出现转速或负载变化时,油膜刚度和阻尼特性也会发生相应变化,轴承内轴颈的径向位置也会改变。因此,轴心轨迹可以提供任意时刻油膜轴承内转子的位置轨迹,且由轴心轨迹的趋势可了解以下几种机械故障。

(1) 因运转状态引起的轴承失去承载力。
(2) 转轴不对中。
(3) 流致不稳定性(油膜涡动和油膜振荡)。
(4) 蒸汽/空气引起的不稳定性(蒸汽涡动)。
(5) 密封磨损等。

图7.11(a)和(b)的样本分别展示了垂直方向和横向的转子空载状态。这种状态主要引起轴承或密封装置内转子径向位置的变化,而转轴的轴心轨迹数据与转子振动及运行数据的相关性则给出了轴承内转子的总体性能。

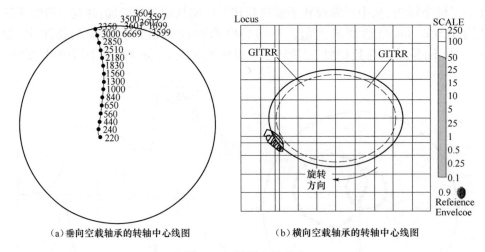

(a)垂向空载轴承的转轴中心线图　　(b)横向空载轴承的转轴中心线图

图7.11　转子空载状态

值得注意的是,转轴轴心轨迹作为系统健康运行状态的标志,与转子振动数据同样重要。

7.6.4 频谱图

通常所采用的频谱图术语主要包括以下内容。

(1) 基频:转子一阶弯曲模态。
(2) 共振频率:转子振幅最高的频率。
(3) 同步频率:旋转和旋转速度相同的转子频率。
(4) 非同步频率:转子自旋和旋转频率不一致。
(5) 次同步频率:转子的谐振频率低于转子同步频率或工作频率。
频谱图主要包括以下内容。
(1) 傅里叶变换:该过程基于单个信号叠加形成一个周期信号的原理,如图 7.12 中曲线部分所示。周期信号可被分解成单一的频率分量(正弦信号)及其相关的频率和振幅。其本质上将信号分解为基频和谐波。
(2) 在预先确定的周期内对振动进行采样。
对于转子动力学领域,频谱图给出了如下特征。
(1) 复合信号由转子 1 倍频分量(质量不平衡)、2 倍频分量(不同转轴刚度)和轴系 5 倍频(典型的叶片通过频率)组成。
(2) 可能会存在其他问题——不对中、轴承问题、基础松动、联轴器螺栓松动、频率调制和振幅调制等。
(3) 时域图显示了多个频率的周期波形。
(4) (时域中)曲线 1 部分的周期频谱可分解为单一的频率组分,如 1 倍频、2 倍频等,如图 7.12 所示。

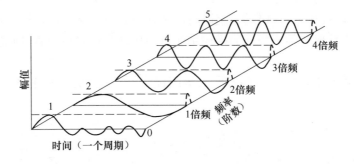

图 7.12 由多个频率组成的周期频谱

7.7 时域/频域图

稳态时域图(图 7.13(a))以纵坐标展示了稳态振幅,横坐标为时间。该信息包括了周期频谱中的所有频率。时域的周期性频率数据可理解为单一的频率(纵坐标为振幅,横坐标为频率),如图 7.13(b)所示。检验两个频谱是否一致是非常重要的。

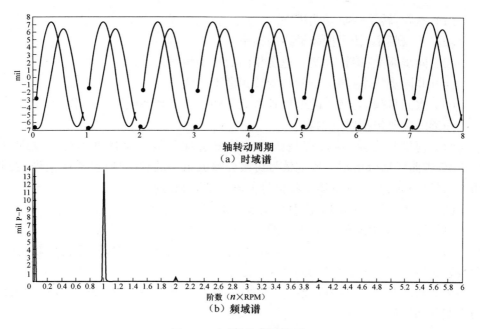

图 7.13 时域和频域频谱

频谱特性可以通过频谱瀑布图来表征。频谱瀑布图是三维图,其多频谱的数据在不同的运动周期内分别获得。瀑布图是单一图上某一事件频率与瞬间发生频率的表征,其也被称为时域数据,是以时间为函数的转子振动,通常以测得的瞬时脉冲响应形式呈现。频域特征的描述是通过傅里叶变换将时域脉冲响应分解为周期性余弦型瀑布图。

时域的瀑布图如图 7.14(a)所示,该图提供了次同步振幅逐渐增加和初始油

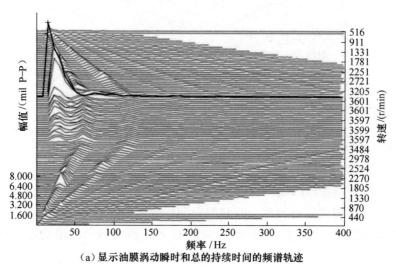

(a) 显示油膜涡动瞬时和总的持续时间的频谱轨迹

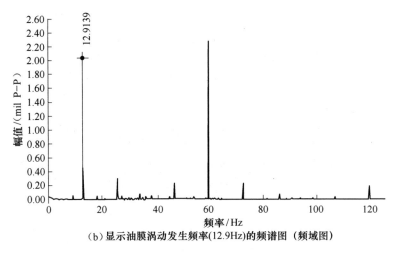

(b) 显示油膜涡动发生频率(12.9Hz)的频谱图（频域图）

图 7.14 时域的瀑布图和频谱图

膜涡动的时间线细节。这种情况与相同运行状态下的转子强响应相关,将相同的时域信息绘制在频域图上如图 7.14(b)所示,该图给出了油膜涡动发生时机器振动频谱成分,可见 12.9Hz 处次同步振动分量(同时呈现于时域和频域图)幅值的增加引起了油膜涡动。

7.8 基本信息

位移计安装在垂直和水平方向(需要提醒的是,前面章节中 Y 和 Z 分别表示垂直方向坐标和水平方向坐标)。符号法则可能会随着坐标轴的定义和相应的传感器位置而改变。因此,重要的是寻找转子的垂直和水平的运动以跟踪相关的临界转速及其响应,本例中,X 和 Y 方向转子振幅及其对应的相位角用来获得最大的转子振幅,当传感器被安置在机匣上的 X 平面和 Y 平面时,就可获得相对应的机匣运动。

现讨论利用沿转子轴线的探测平面来识别转子的临界转速和相关的振型,在每个转轴的位置采用如图 7.15 所示的极坐标图来比较不同的转子振型。

按照图 7.15 中曲线 1 与曲线 2 分别绘制转子的一阶和二阶振型图(沿转轴由左至右)。在位于轴承 1 之前的传感器位置 A,曲线 1 与曲线 2 曲线的一阶与二阶模态相差 180°。由于转子振幅相对较小,表示一阶和二阶临界转速的极半径也比较小。

传感器位置 B 的转子振幅相对于位置 A 处的较大(响应较为显著),极坐标图中呈现一阶与二阶转子模态的相位角相差 180°,再向右移动至探测平面 C 和 D,

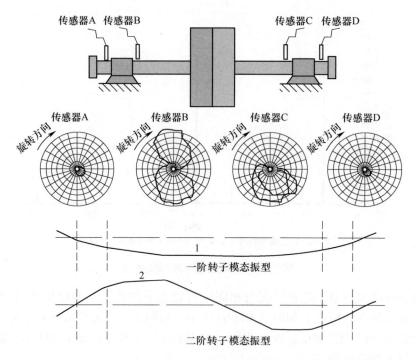

图 7.15 沿转轴不同传感器平面的极坐标图

一阶和二阶转子模态的相位角非常相似。因此,模态振型看起来也非常相似,然而,只有这两种模态任意一个所对应的转子临界转速信息是不同的,可以清楚地识别峰值响应点,这个练习演示了识别转子模态而选择传感器位置的重要性。

通过连接所有轴承上的关键相位点,可得到如图 7.16 所示的转子系统模态振型。

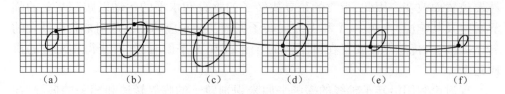

图 7.16 连接关键相量点的转子模态振型

需要注意的是,如果轴承间隙在所有方向上保持一致,那么期望转子有一个圆形的轨迹。然而,由于油膜动力系数的不对称性,再加上支承刚度的不对称性,会因正交方向上油膜刚度不对称性使得圆形变为椭圆。有时,预紧过度的轴承呈现出如图 7.17 中"8"字形所示的轴心轨迹。

转子未对中问题已在第 6 章中详细讨论过,在此不再赘述。我们知道转子弯曲引起的转轴偏心会导致其无法对中。过度不对中会引起转子振动加剧。

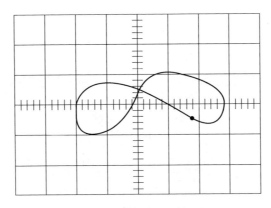

图 7.17 过高预紧轴承的轴心轨迹图

7.9 扭转轴的振动测量

目前,已经讨论了转子水平振动的诊断方法,也了解到位移计可用于测量转轴的运动,且放置于结构之上的加速度计用来测量基础振动。转轴扭曲或与扭转相关的角位移不能采用位移计或加速度计进行测量,除非安装了经校准的适于角扭转测量的系统,本节将讨论测量转轴扭转振动的诊断方法。

扭转振动的数字测量技术是基于转轴等距角度间隔的时间采样。这是通过电磁性拾取传感器或光学反射器两种方法中的一种来实现的,前者作为转子的一部分来测量转动齿轮上齿轮的角运动,而后者则通过跟踪由光学传感器识别的交替反射和非反射(黑/白)等距条纹来实现角运动的测量。传感器电子器件产生角速度信号,脉冲的频率直接正比于转轴的角速度,因此可记录转轴的扭转运动并用来识别扭转的频率和振幅。

角速度的测量可提供每转下固定数目且与转速无关的采样样本,当采用时间采样时,每转测量值的数目随转速而变化。假设两个脉冲之间的角速度恒定,那么齿轮齿间实际的角度间隔除以轮齿啮合周期,就是瞬时角速度值。如图 7.18(a) 所示,并非所有转子轴系拥有盘车装置。本例中,转轴角度位移通过反射或条形码磁带,或通过光学传感器来实现追踪,图 7.18(b) 展示了转子水平方向上位移计测量转子运动的实验结构。

工厂扭转实验可在单一转子上实施,该转子被定为轴系的关键部件,转子的一端连接至扭转励磁器,可在不同的频率施加扭转激励。当转子扭转固有频率与激励频率相匹配时,就会在频率谱中出现峰值响应,连同相位角一并被记录下来。该实验用于捕捉所需的频率,工厂的实验布局如图 7.19 所示。

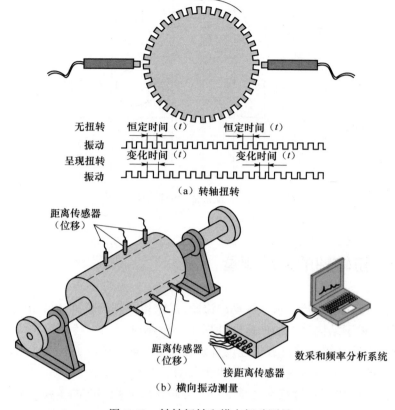

图 7.18 转轴扭转和横向振动测量

通常,进行工厂测试时需采集如下数据。

(1) 测量扭转固有频率(3~150Hz)。

(2) 测量施加的扭矩。

(3) 在不同转轴位置测量相对响应幅值和相位角以获得振型。

(4) 测量 50Hz、100Hz(50Hz 机器)或 60Hz、120Hz(60Hz 机器)附近的非共振模态响应。

(5) 校准单轴转子以检验测试结果,并将之用于轴系以计算轴系频率。

(6) 虽然工厂实验验证了转子的频率,但是轴系频率的不确定性仍然存在。现场实验有助于验证所有计算出来的轴系频率。

现场扭矩测试有两种形式:主动实验和被动实验。

(1) 主动实验利用可控的弱电机激励力矩作为扭转激励源。激励虽然较小,但是可以精确地施加于所关注的主要扭转共振频率,因而足以激励并检测扭转固有频率,但在被动检测中这通常是无法识别的。

(2) 被动实验是通过在设备正常运转期间感知扭转响应来实现的,通常是在

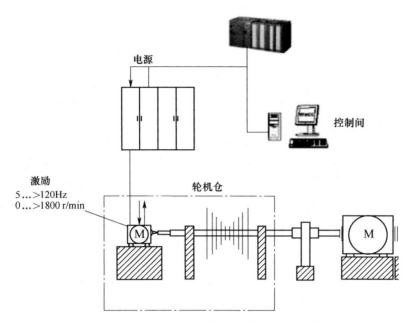

图 7.19 单轴低压转子的工厂扭转实验布局

包括由离线速度上升至额定速度、或与电网同步、或随后的在线运行的设备启动过程中。被动实验依赖于设备正常运行过程中随机发生的机械和电力扭矩干扰的强度,当传感器定位于转轴主振型的位置时,该测试可捕获绝大多数可激励的和/或显著的轴系频率。

传感器位置通过采用计算频率和相关的振型来确定。图 7.20 中的振型表明在 116Hz 处存在临界转速,接近 120Hz(60Hz 的机器)。从中可发现,为捕获该频率,放置传感器的最有效位置是盘车装置和位于低压转子与电机转子之间的转轴区域。

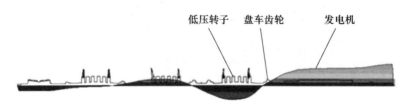

图 7.20 (见彩图)振型与典型传感器位置

通常用于测量扭转响应的传感器包括以下几种。
(1) 存在于盘车装置中可感知转齿或齿轮盘的非接触式电磁或电容传感器。
(2) 采用特殊的遥测传导方式用于转轴检测信号的应变计。

(3) 将感应黑/白条纹应用于转轴的光纤传感器光学方法。

其中,应变片是最敏感的元件,用来检测低幅值的扭转响应和模态。转子轴系扭转的现场实验布局如图 7.21 所示。

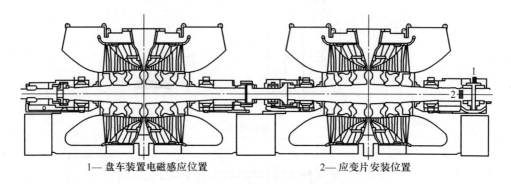

1— 盘车装置电磁感应位置　　　2— 应变片安装位置

图 7.21　转子轴系现场扭转实验布局实例

图 7.22 给出了安装于低压转轴上的应变片,图 7.23 和图 7.24 分别展示了在盘车装置上应用电磁传感器和在低压转轴上应用应变片所测得的频谱,图 7.23 和图 7.24 中,水平轴表示以 Hz 为单位的频率,而垂直轴则表示扭转应力幅值。展示这些图的原因在于提醒读者额外的频率可以用应变片测量,因为应变片对扭转位

图 7.22　安装于低压转轴的应变片

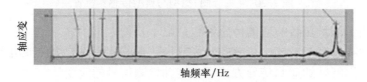

图 7.23　盘车装置处测得的频谱

移的变化非常敏感,虽然这些频率可能会在运转过程中迟钝,但是不会损害设备。

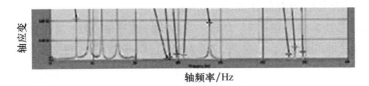

图 7.24 应变片测得的频谱

7.10 设备运转对转子振动的影响

本书所讨论的绝大部分内容涉及因设计、制造和/或装配而发生的机械振动现象。本节介绍叶轮机械中引起振动的设备运行带来的影响。相关内容可分为以下几类,且其中的一些还是相互关联的。

(1) 转子-静子之间间隙的封闭。
(2) 圆柱的变形/不对中。
(3) 冷蒸汽和/或水冲击等冷却介质的侵入。
(4) 润滑系统的影响。

7.10.1 转子-静子间隙的封闭

蒸汽透平或燃气透平中转子振动最常见的情况之一是转子与静子的机匣或汽缸中的密封部分,透平中密封部分通常附着于固定部件上(一些设计中转子也有嵌入式密封装置),且在其与转子表面之间有预先设计的间隙,当转子部分与密封装置相接触时,它们之间的间隙实质上是封闭的,并出现磨损。磨损的程度取决于转子与静子之间的接触程度,摩擦过程中,转子的接触点出现局部加热,从而增加了转子的下垂或跳动,因此,弯曲的转子激发其一阶水平固有频率,并增强其响应或振动。当间隙刚好封闭时,磨损程度可定义为软磨损,硬磨损是指摩擦力不断增加,转子振动跃升至透平监控系统报告设备运行出错,硬磨损与高振动和相位角的旋转有关,相位角旋转方向或与转子旋转方向一致,也可能相反,取决于透平系统中的磨损是否涉及其他零件。有时,磨损可能达到非线性状态,此时转子会失速,磨损可分为纯径向、纯轴向或径向与轴向的组合。下面的情景会引起透平中的磨损,但这些情景均归结为同一种症状,即振动。

(1) 机匣与转子之间的不对中。
(2) 因基础与端盖之间温差而引起的机匣变形。

(3) 减弱的轴承支承结构。

(4) 整个透平结构混凝土基础的下沉。

图 7.25 展示了蒸汽透平转子的一个实例,透平密封压盖区域经历了径向磨损,该区域内设计间隙小于所呈现的最大磨损,图中所展示的是沿转子长度方向的径向间隙。

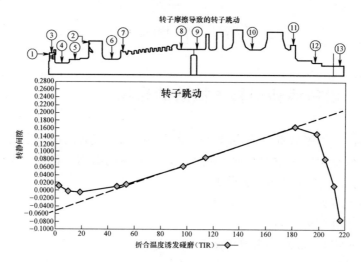

图 7.25 转子跳动引起磨损的实例

7.10.2 机匣变形/不对中

透平在冷态下旋转部件与静止部件之间具有足够的径向/轴向间隙。径向方向(垂直方向和水平方向)上,设计间隙的设置主要考虑转子、叶片及其他透平部件的受热增长和机械受力(离心力)的增加。此外,转子与静止部件之间的设计间隙需考虑因油膜动力学而引起的转子上浮、真空载荷和运行过程中轴承支承的下沉。

沿轴向的设计间隙考虑了因蒸汽压力和温度变化所引起的轴向膨胀。当达到充分的工作负荷状态(热状态和机械状态)时,转子和静止部件之间的径向与轴向间隙从冷态设计值开始减小。当机匣偶然出现与转子不对中时,径向摩擦的可能性会随着与原始设计状态的相对偏差而增大。径向与轴向摩擦都表现为转子和结构的振动响应,最有可能的是,振动响应往往出现于设备启动或惯性停车情况下转子转速分别增加或减少。

轴向膨胀情况下,转子通常在机组启动时比静止部件膨胀得更快,停车过程中则出现相反的趋势。当机匣与转子的间隙低于设计状态时,透平会经历轴向摩擦。

如前所述,转子和机匣的热膨胀通常以不同的速率发生,可能会引起轴向间隙的闭合,启动与停车条件下设备的膨胀速率是不同的。

同时存在轴向与径向摩擦的情况下,受直接冲击影响转子振动的增加不可避免。纯径向摩擦会引起水平磨损,纯轴向摩擦则会导致转子轴向的过度膨胀和/或转子行程的增加。过大的转子行程单独地或与径向摩擦相组合可能引起转子失速或"转子抱死",摩擦可以以径向为主,或以轴向为主,这主要取决于机匣的变形方向。

对于具有滑动支座和/或机匣的设备,滑动表面的不稳定(或间歇)轴向运动会导致机匣支座轴向与径向摩擦,从而造成振动水平增大,对于此类特征,强烈建议监控机匣振动和局部膨胀。机匣可能发生变形的情形有几种,其原因包括排气不畅、绝热不佳、机匣非均匀加热或冷却,任何一个潜在的问题都有可能引起机匣变形。

7.10.3 冷蒸汽和/或水冲击在内的冷却介质侵入

通常,当机匣到支座的温差变化显著时,蒸汽透平会发生水侵入(有时称为水冲击),图7.26给出了发生在中压透平内部水侵入的范例。温度差异几乎是260℃(500℉),比通常允许的数值要高,如此高的温度差是透平内部工作流体转变为液体的主要原因,本例中热蒸汽转换为水,并对旋转叶片造成损害。

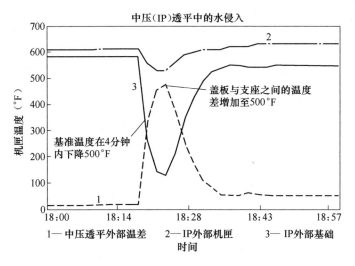

图7.26 中压透平由盖板(机匣)至支座的蒸汽温度

在另一起低压透平的事故中,最后一排低压叶片已损坏,主要是因为水冲击。置于低压蒸气透平的传感器监测发现,外部机匣充满了水,直至水平连接处。旁路运行的蒸汽流体的速度及其方向被包含在流体计算分析之中,可得出夹带进入低压蒸汽透平的水引起最后一排低压叶片的损坏,采用了计算流体动力学的仿真以理解流体动力学机制,并提出在这些设计中避免水冲击的永久解决方案。

7.10.4 润滑油对转子振动增加的影响

润滑油进入轴承的温度会影响转子的动力学特性,由于油黏度直接关系到油膜刚度和阻尼,润滑油可以影响转子,特别是稳态转子的动力学特性。可以发现,提高或降低油膜温度会显著地引起转子动力学特性由稳定运行状态向油膜涡动非稳定状态的变换。推荐将润滑油温度维持在可接受的范围内,在叶轮机械领域应用的典型润滑油是 VG32 和 VG64,所推荐的润滑油标称进口温度大约为 49℃(120℉),允许有 10%标称值的变化量。

一般症状、可能的原因及潜在的振动抑制措施如表 7.2 所列。

表 7.2　一般症状、可能的原因及潜在的振动抑制措施

序号	观察到的症状	可能的原因	潜在的缓解措施	备注
1	1 倍振动增加,伴相位角逆着旋转方向变化	因叶片-附件损失或叶片与转子表面的固体颗粒侵蚀造成的质量不平衡(实质上引起质量不平衡)	进行转子平衡;如果不奏效,更换损坏的部件。内窥镜检查可能有助于确认损伤区域	全叶片损失产生非常高的振动,引起轴承和透平部件的损坏。在这种情况下转子是不平衡的。更换叶片或修复损坏部件
2	总振动随着基频而逐渐增加	叶尖侵蚀	检查湿蒸汽条件下蒸汽温度,必要时进行修正	平衡不起作用
3	在发生雷击、电网故障或短路等扭转事件后,基频振动增加	联轴器发生瞬间滑移,导致联轴器螺栓严重损坏或螺栓磨损或套管松动,或热压盘和热压联轴器上的热缩配合损失	正确的联轴器间隙,预紧螺栓,保持螺栓的拉伸,并按设计恢复套管。保持热缩配合符合设计要求	
4	整体振动增加:随着轴承合金温度的降低,振动以次同步为主	卸载轴承:当两个轴承彼此相邻并位于同一座上时,一个轴承卸载,另一个轴承加载。卸载轴承表现为振动增加和轴承合金温度降低。加载轴承则呈现相反的趋势	平衡物的移动是无效的。更温和的油膜涡动模态[次同步组件之间 1～3mil (0.025～0.075mm)]。次同步振动在 3mil 以上有一个尖峰,表明轴承卸载可能增加的趋势。振动超过 6mil 表明有油膜涡动,有可能需要更换轴承	次同步振动低于 3mil 时加载轴承;次同步振动大于 3mil 时加载+紧固轴承间隙;次同步振动增加不减表明存在油膜涡动,更换轴承

续表

序号	观察到的症状	可能的原因	潜在的缓解措施	备 注
5	次同步振幅为主且大于基频振幅	油膜涡动：油膜交叉耦合动态刚度成为主导，并导致次同步振动增加（通常发生在圆柱轴承中）	减少轴承间隙或给轴承加载。可能会对较温和形式的油旋情况有帮助	如果轴承发生油膜振荡，任何缓解措施都不能奏效。轴承正在经历油膜涡动的极端情况
6	在部分圆弧的汽轮机中，允许蒸汽进入喷嘴室的指定扇区，由此产生的负荷将转子推到一边，并对轴承施加不均匀的负荷	蒸汽涡动发生在部分圆弧的设计中，表现为高次同步或有时呈现为基频。部分弧蒸汽的进入导致负载不平衡，并造成转子与定子间隙的不均衡，使得动叶片转子移向一边而不是另一边。所产生的切向蒸汽负荷与主导负荷的作用方式相似。交叉耦合力作用于具有油膜的轴承上，使轴承座产生不平衡力	（1）温和形式的蒸汽涡动（振动增加低于 5mil[①]）可以通过预加载来控制轴承或紧固轴承间隙，或重新排列阀门开启顺序。（2）控制中等蒸汽涡动条件（振动 5mil 以上），测试不同的阀门顺序方案，可为接受的振动选择最佳的操作顺序。（3）对于典型的蒸汽涡动，应用涡动导叶和/或流坝主要在控制级、喷管腔及旋转叶片排前几级通过应用涡动导叶和/或流坝实现对控制蒸汽涡动的控制	
7	刚开始是未减弱的 1 倍频振动，后期变为 2 倍频占优的振动，然后就是转子一阶弯曲固有频率的降低	轴裂纹：1 倍频振动会引起质量不平衡；但平衡可能在最初阶段会有帮助，但随着振动值的继续增加，甚至在转子平衡后增加未减弱的平衡	拆下有裂纹的转子，细查裂纹区域，在重新安装或更换整个转子或转子一部分之前进行检查和焊接修复	30%～40%轴颈损失可能导致转子的突然断裂。因此，当振动超出限制值时，停车并检查裂纹
8	转子相对振动在一阶固有频率增加，并超过 ISO 20816-2 C/D 限制，和/或基础振动超过 C/D 级	转子-定子摩擦可能是在装配过程中更小的间隙造成的。这包括转子与定子对中不当、轴磨损过度、转子中永久性的热弯曲、支承结构下沉和较重转子的滑油升力损失，以及单元仍过热时处于静止状态，没有充分的调谐时间	校正转子-静子对中，平衡转子达到中等轴跳动。消除永久性的和过热的弯曲或轴偏心；需要在机床上加工转子。为解决转子下沉问题，可根据需要通过焊接支架来加强支座支承。对于调谐装置滑油升力相关问题应检查滑油压力并进行维修	

① 1mil = 0.0254mm

续表

序号	观察到的症状	可能的原因	潜在的缓解措施	备注
9	过度的支承结构基础振动	支承结构潜在的下沉、与主结构相连的结构薄弱部件、混凝土地基的沉降、轴承支座和定位板及其他透平支承区域的固定螺栓松动	以采用激励器进行结构测试方式了解结构状况。如果测试表明支座刚度相比设计状况有所下降，那么紧固连接处松动的螺栓；如果混凝土结构薄弱，由建筑师和工程师检查并采取适当步骤来确定混凝土基础的状态；检查并校正支承系统中所有连接螺栓的扭矩	
10	次同步和超同步及其谐波分量引起的振动	联轴器螺栓松动或基础不均匀载荷或转子不对称刚度导致2倍频振动过大（源于电机转子径向槽补偿不足），这主要与电机有关	如果谐波频率等于一个连接处的联轴器螺栓数量，那么应拧紧或更换磨损或破损的螺栓。调整基础负载，修补电机转子径向槽以做适当补偿	
11	低转速条件下因油膜轴承的轴颈重复沾黏、滑动所产生的颤振（尖啸、振鸣或鸣叫）	黏滑运动：(1)重载轴承的油压支承不能大于400lb/in²(2.8MPa)，否则会出现这种现象。(2)轻载轴承（油压支承小于360lb/in²或2.4MPa）出现弱阻尼现象。(3)脱离扭矩不足也会出现黏滑运动	轴颈在油膜边界工作（此时无阻尼）会导致油膜破损，引起轴颈黏滑。这种情况会引起最后一排长叶片的抖振。解决方法是增加油压支承结构	
12	源自钢厂、电弧高炉或其他在电厂附近运行的重型设备的冲击载荷；可同时激发横振和扭振模态	源自钢厂或电厂附近的电弧高炉的冲击会对电厂设备产生强烈的冲击载荷，从而降低轴、叶片或其他部件的疲劳寿命	分析转轴在源自钢厂或电弧高炉冲击载荷频率下所耗费的疲劳寿命，评估转轴应力和转子及其叶片的剩余寿命。降低扭转频率和/或加强转轴对抗高周疲劳损伤	
13	轴向行程过大或转子失速	因内部负载变化而引起过度差动膨胀或因加热器停止工作而导致推力平衡丧失。以全速空载或低于最低推荐负载状态可能会引起转子长周期运行（对转子的加热要比静止部件长）	修复停用的加热器或重新评估推力负荷，并重置推力轴承，使其留有足够的间隙。增加冷态间隙以适应轴向膨胀。将机组返回至齿轮回转运行，以保持转轴温度稳定，减少转轴的弯曲或跳动	

续表

序号	观察到的症状	可能的原因	潜在的缓解措施	备注
14	大型气缸的变形	采用不同的气缸底座以包容存在的温度梯度	测量汽缸棱角来检查其规整度。若发生变形,则需对结构进行校正;还需检查绝缘效果,判定是全部失效还是部分损坏;按需求进行修理	
15	推力轴承温度增长	(1)滑油流量可能较低。(2)起到推力轴承调平板的作用。(3)推力不平衡。(4)推力锚点损坏或变弱。(5)对中固定螺栓松动。	(1)转动控制旋钮1.5圈,增加滑油流量。(2)检查调平板是否磨损,并根据实际情况予以更换。(3)根据修正后的推力平衡条件进行推力轴承对中。(4)根据实际情况进行部件修理或更换。(5)拧紧所有松动的螺栓	
16	轴承巴氏合金区变色	放电	检查并更换放电刷	
17	轴承上半部结构疲劳损坏	因轴承上下部分之间滑油压力变化可能会引起空穴现象;可能会有固体颗粒进入油路并引起油路堵塞	解决轴承中的流量不连续问题,降低滑油压力变化;在滑油管路中采用更细的过滤器(10μm),以阻止过大的颗粒。推荐经常以滑油冲洗管路	
18	轴承下半部巴氏合金疲劳损伤	巴氏合金区存在高温热点,可能导致疲劳损伤;巴氏合金形成过程中黏合不良也会导致材料疲劳	清除原有的巴氏合金,对轴承重新进行巴氏合金处理	
19	因球形座密封引起轴承温度升高	当轴承球面与轴承固定轭或保持架不一致时,轴承可能会滑动或滑行并黏结于某一位置,引起轴颈与轴承的意外接触或将轴颈推向空载一侧	认真检查球形接触面以确定接触是否贴合;准备好球面,保证其至少80%以上与轴承座相匹配	
20	装有水冷凝器特定类型低压透平的空载轴承(典型的全速运行机器)	因冷凝器真空压力的变化,轴承结构在运行中失效,从而引起轴承空载	对于那些运行中出现空载问题的低压轴承类型,解决方法是静态条件(零转速)下对轴承进行预加载,直至其运行中出现卸载的总量	

7.11 小结

本章详细讨论了叶轮机械常用的诊断方法以及横向振动与扭转振动频率响应频谱分析中所采用的诊断工具,同时介绍了横向振动与扭转振动的实验验证方法。上述方法和工具是全面理解旋转机械诊断并解决存在问题的坚实基础。本章还给出了有助于获取有关叶轮机械诊断额外信息的大量参考资料。

参考文献

[1] ISO 20816, Mechanical vibration-measurement and evaluation of machine vibration-part 2: land based gas turbines, steam turbines and generators in excess of 40MW, with fluid-film bearings and rated speeds of 1500r/min, 1800r/min, 3000r/min and 3600r/min.

[2] Bently D E, Hatch C T. (2001) Fundamentals of rotating machinery diagnostics, Chaps 6 and 7, ISBN 0-9714081-0-6.

[3] Eiselmann Sr R C, Eiselmann Jr R C. (1998) Machinery malfunction diagnostics and correction, pp 410-415, 418, 578, 752, Chaps 9, 11, 14, ISBN 0-13-240946-1.

[4] Thomas G R. (2006) No vibration-no problem: or is there? In: The 24th Canadian machinery vibration association machinery vibration seminar and annual general meeting, 25-27 Oct 2006, Montreal, Quebec, Canada.

[5] Smith J D. (1999) Gear noise and vibration, ISBN: 0-8247-6005-0. Marcel Dekker, New York.

[6] Adamson S. (2000) Measurement and analysis of rotational vibration and other test data from rotating machinery. SAE Paper No 2000-01-1333.

[7] Nestorides E J. (1958) A handbook on torsional vibration. Cambridge University Press, Cambridge.

[8] Heisler H. (1995) Advanced engine technology, ISBN: 1 56091 734 2. Arnold Publishers, London.

第8章 案例研究

8.1 引言

本章讨论叶轮机械中出现的不同案例,结合案例的症状和潜在的解决方案为工程师和科研人员提供旋转机械振动方面的实用经验和建议。

8.2 概述

在诊断方法讨论中所获得的知识对叶轮机械一些常见的问题进行分析是十分必要的,本章给出了11个具有实际应用价值的叶轮机械实验案例,并给出了诊断方法与应对措施。

本章具体讨论了因转子不对中、扭转振动、机匣变形、转子裂纹等因素引起的油膜振荡、滑油蒸汽涡动、轴承卸载等现象的发生率。通常,轴承温度的变化与转轴振动是相互关联的,其中一种情况所呈现出的症状通常是处理另一种情况的线索。轴向振动问题很少报道,然而,推力轴承温度问题却并不少见,本章所讨论的11个案例均为叶轮机械的典型案例,包括横向振动与扭转振动,涉及以传统化石燃料为动力的叶轮机械与核动力叶轮机械。

8.3 实验案例1的问题描述

由高压-中压透平蒸汽管道悬吊装置所产生过大的不平衡载荷会引起轴承轴瓦变形及轴颈与轴瓦之间的名义间隙的消失,这会造成轴承温度高,机组结构如图8.1所示。

8.3.1 数据回顾

过高的蒸汽载荷会使轴承机匣变形,封闭了轴颈与机匣之间的间隙,进而会造成轴承的金属温度升高。这种情况也称为由轴承结构的"倾斜"导致外机匣的变形。实验案例如图 8.1 所示,具体的描述如下。

(1) 13.4in(340.36mm)直径椭圆或柠檬外径为 13.4in 的椭圆或(或柠檬形)轴承 1 经历了高温,且温度持续上升。

(2) 因管道悬吊装置不平衡载荷所致的支座的垂直运动会引起横向轴承机匣变形。

(3) 测得的轴承金属温度和相应的轴颈方向可以用来模拟轴承结构的等效载荷。

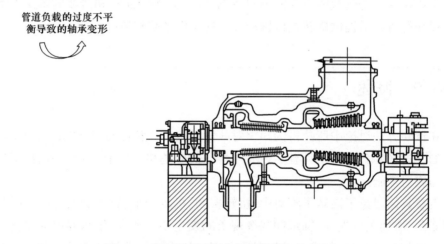

图 8.1 蒸汽管不平衡载荷在轴承上产生力矩

通常,轴承失效归因于转子不对中、油膜振荡、蒸汽涡动和/或因叶片段的部分或全部缺失所致极度的质量不平衡,上述所有案例中,转子对所承受的力做出反应,并将之传至轴承上。

然而在这个案例中,蒸汽管挂架不平衡载荷引发轴承结构过度变形,轴承上安装有 4 个热电偶,两个在上部,两个在下部;上部左右两个热电偶以 45°的角度被安置在 12:00 位置的两侧,而下部的两个热电偶则位于 6:00 位置的两侧。

测量所得的轴承金属温度曲线如图 8.2 所示,其测量值如表 8.1 所列。所记录的最高温度为 221 ℉(105℃),位于右上部热电偶。为了解机匣变形,应用有限元模型(FEM)模拟估计蒸汽所产生的力和测量温度的变化,并在 8.3.2 节予以讨论。

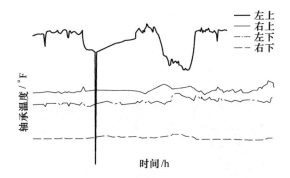

图 8.2　测得的轴承金属温度曲线

表 8.1　温度测量值

位　　置	平　均　值
左上	176℉(80℃)
右上	221℉(105℃)
左下	131℉(55℃)
右下	158℉(70℃)

8.3.2　模拟

轴承(椭圆形)内表面有限元模型采用测量获得的轴承金属温度,由于主要关注的是轴承右侧热电偶,右侧的细节如图 8.3 所示,同时给出了右上热电偶测量值

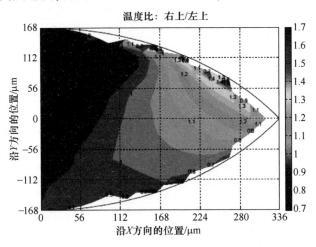

图 8.3　(见彩图)轴承结构的热分析

与左上热电偶测量值之比。可以发现,热载荷连同管道挂架不平衡载荷,会引起轴承壳体热弹性变形。模拟的管道挂架载荷包括 27kN 横向载荷和 45kN 垂直载荷。

轴承壳体三维有限元模型可模拟热弹性变形以及轴承机匣测得倾斜度的影响,检验结果连同观测到的轴承破坏情况如图 8.4 右上部分所示。

图 8.4　所观测的高温对轴承右上位置的有限元模拟

基于分析结果与实际检验结果之间的关联,推荐以下做法:降低管道挂架不平衡载荷。这将有助于减少横向与垂直方向轴承机匣变形。除此之外,同时推荐采用具有自调中心衬垫的轴承取代椭圆轴承,最好是采用可预加载的五衬垫可倾瓦式轴承。

8.3.3　解决方案

当将管道挂架载荷最小化以及采用五衬垫可倾瓦式轴承时,轴承金属温度可降低至 190℉(88℃),相比之前大约降低了 30°,该装置可进行连续操作。

8.4　实验案例 2 的问题描述

图 8.5 中电机 5 号卸载轴承是导致亚同步过度谐振的原因,这种构造中所有转子均分别由两个轴承支承,只有 1 号和 2 号 HP-IP 轴承是可倾瓦式,其他轴承则为部分弧式,5 号轴承的几何说明如表 8.2 所列。

表 8.2　5 号轴承的几何说明

轴承形式	直　径
部分弧圆柱	17in(432mm)

图 8.5 蒸汽透平-电机布局

8.4.1 数据回顾

5 号轴承显示出剧烈振动状态,这是电机轴承的透平端,5 号轴承横向(轴承水平方向)处于严重的卸载状态,如图 8.6 所示,轴颈明显地偏离了轴承中心,表明横向的卸载状态。

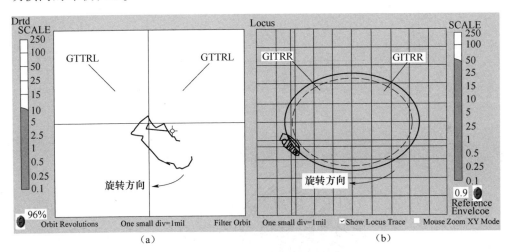

图 8.6　5 号轴承的轴心轨迹图

图 8.7 所示的振动频谱证实了大约 15Hz 的次同步谐振频率下轴承处于 15mil(380μm)振动幅值的卸载状态。次同步振动本身已经超过了机器的 10mil 振动幅值限制。通常情况下,卸载的轴颈明显降低了油膜阻尼而导致了剧烈振动状态。

5 号轴承的金属温度测量值大约 140℉(60℃),被认为是非常低的温度值,这是卸载轴承的另一种迹象(图 8.8)。

由于轴承卸载发生于横向,在垂直面对轴承加载的传统解决方法不能解决问题,这种情况下,轴颈需向轴承中心移动。通常认为,通过对轴承结构进行横向移动的方式可使轴颈更靠近轴承中心,这可通过松开轴承支承 L-键螺栓后由右向左

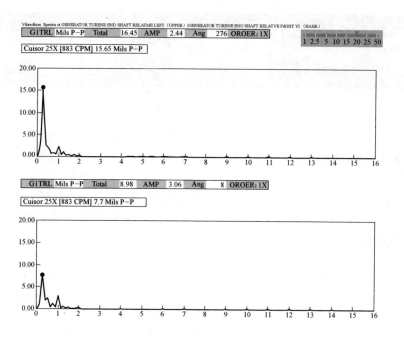

图 8.7 振动频谱图

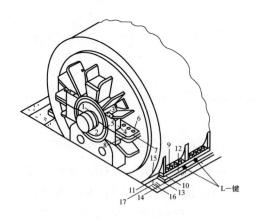

图 8.8 轴承结构在水平方向上的移动

移动轴承整体来实现。

上面所讨论的措施是调节轴承间隙以使轴颈靠近轴承中心的实例,这种操作方法使轴承处于合适的加载状态,轴承经调节后的次同步谐振振幅下降了 0.0002in(5μm),图 8.9 所示为轴承结构调节后的次同步谐振图。

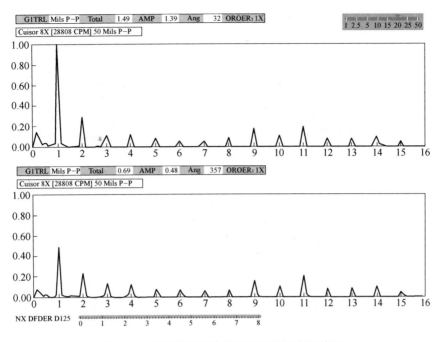

图 8.9 轴承结构经横向调整后的振动频谱图

8.4.2 解决方案

横向卸载的轴承可通过移动轴承结构而使轴颈处于轴承中心,这种做法可使卸载的轴承处于适当加载的状态。

8.5 实验案例 3 的问题描述

这是一个高压透平遭受蒸汽涡动的案例,受影响的高压透平是一个对称逆向流动的装置。因为结构对称,只展示了截面的一半(图 8.10),控制级密封段的压差大约为 12MPa。研究发现,控制级密封区域的大压差主要与引起蒸汽涡动的过大周向蒸汽速度相对应。

8.5.1 数据回顾

高压转子由四衬垫可倾瓦式轴承在两端进行支承(图 8.11)。
锅炉因负载波动而无法提供 100% 的蒸汽时,这个高压透平适合在部分蒸汽

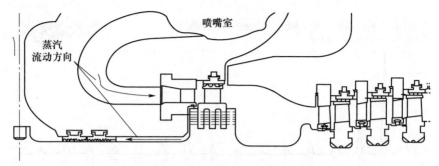

图 8.10 反向流动的高压透平转子

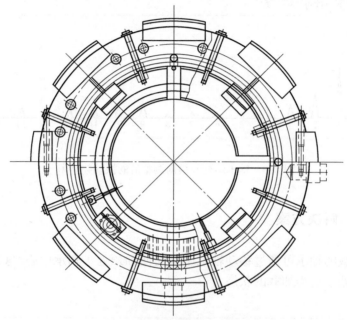

图 8.11 四衬垫可倾瓦式轴承

负载条件下运行。通常,一些选定的阀段处于关闭状态以适应部分蒸汽供给状态,称为部分弧载荷;部分载荷引起透平一侧的蒸汽状态与另一侧不平衡,引起一个轴承上的蒸汽负载大于另一个轴承负载,这就引发了蒸汽诱导振动,该条件下的连续运行增加了与蒸汽涡动相关的次同步谐振分量。因此(更多的细节可参见第 4 章关于蒸汽涡动的讨论),转子呈现出非常高的次同步谐振。

2 号轴承中的振动最大,其垂直方向的振幅可达 0.023in(584.2μm),且多为次同步的,而 1 号轴承的振动相对较小。图 8.12 展示了 1、2、3 号轴承不同时刻(X 轴)的动态振动(Y 轴)。

测得的 1~3 号轴承金属温度数据如图 8.13 所示,最低温度(约 155℉ = 68℃)出现在 2 号轴承,即处于卸载状态的轴承。

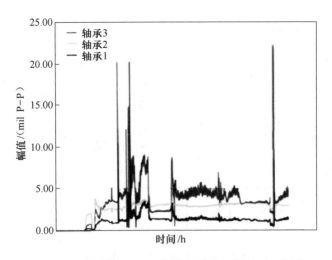

图 8.12 （见彩图）1、2、3 号轴承的转轴相对动态振动

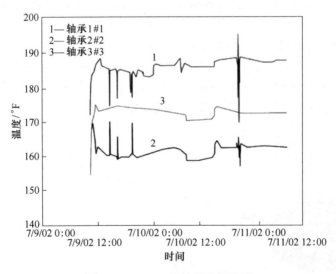

图 8.13 1、2、3 号轴承金属温度

图 8.14 展示了 2 号轴承的轴心轨迹图，该图表明了轴承的卸载状态，且与较低的轴承金属温度及所测得的该单元过度振动相对应。

诸如增加 2 号轴承载荷、重新进行阀门排序以平衡蒸汽载荷及缩小轴承间隙来增加阻尼等措施并不能解决此类问题。

8.5.2 数据分析

由于次同步谐振太剧烈，传统的方法不能解决这个问题。因此，该案例被认为

203

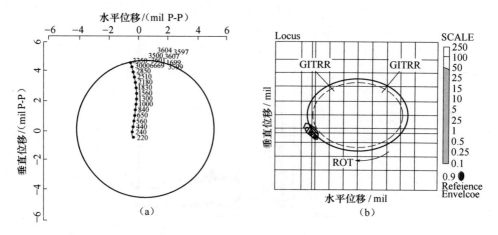

图 8.14　2 号轴承的轴心轨迹图

是传统解决方案不能奏效的蒸汽涡动实例。当未应用密封动态系数时,转子动力学不能预测转子的不稳定性。密封动态系数则用于控制级(8.5 节)和喷嘴室处的密封区域,如图 8.15 中的转子动力学模型所示。计算出的十进制对数衰减率为 −0.0475 表明存在负阻尼,进一步证实了转子蒸汽涡动图所示的蒸汽诱导不稳定性。更多的分析用来模拟控制级和喷嘴室中流过旋转密封的反旋静叶绕流,对结果的分析表明存在正阻尼,解决了蒸汽涡动现象。

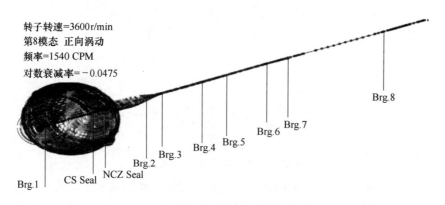

图 8.15　模拟高压转子蒸汽涡动的转子动态模型

根据以上分析,分别在图 8.16(a) 控制级机匣区域的旋转密封入口处、(图 8.16(b))喷嘴室区域的入口处安装抑制涡动的静止叶片。抑制涡动叶片的作用是降低导致蒸汽不平衡力过大的周向蒸汽速度。因此在安装抑制涡动静止叶片后,系统振动就降到了可接受程度,机组开始运行时也消除了蒸汽涡动的干扰。

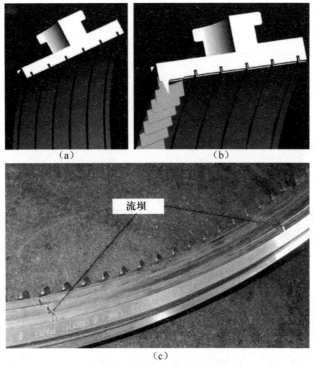

图 8.16 抑制涡动静止叶片安装前后的结构对比
(a)原始结构;(b)装有抑制涡动静止叶片结构;(c)密封区域装有抑制涡动静止叶片的控制级机匣实物

8.5.3 解决方案

当抑制涡动静止叶片装配于控制级时,高百分比的蒸汽不平衡作用力由于处于较大的直径处而有所减小。此外,流坝被装配于喷嘴室密封环之前,如图 8.17 所示。这些具有抑制涡动特性的结构有助于将蒸汽不平衡作用力降至可接受的水

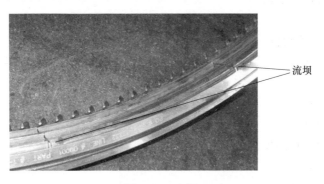

图 8.17 流坝

平，次同步谐振由原来的 0.023in(580μm) 高水平降至小于 0.001in(25μm)，即蒸汽不平衡力减少了 22 倍。

8.6 实验案例 4 的问题描述

如图 8.18 所示，在正常工作转速与载荷下，由于汽缸底面到端盖温度不均匀，产生了剧烈振动。

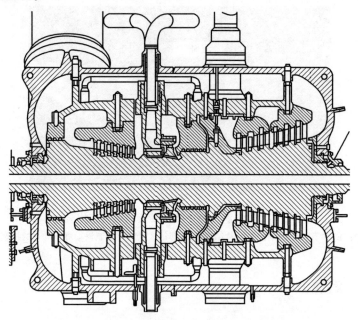

图 8.18　高压-中压透平(由西门子公司提供)

8.6.1　数据分析

首先回顾如下数据。
（1）转子无损检测(诸如磁微粒、磁带或超声波、超声波探测或染色渗透探伤)。
（2）转子跳动。
（3）阀体检查。
（4）转子对中。
（5）轴承间隙/温度。
（6）轴向膨胀。
（7）汽缸热增长。

（8）轴承支承结构的基础振动数据。

（9）运行数据。

（10）蒸汽化学成分。

其次检测以下问题。

（1）转子无损检测：没有发现其他可能引起转子振动的迹象。

（2）转子跳动：转子图表明跳动在可接受的范围之内。

（3）转子对中：高压与低压转子之间的耦合间隙与位移在设计容许的范围之内。

（4）阀门运行：因蒸汽负荷不平衡，阀门运行顺序的偏差可能会引起蒸汽诱导振动。

（5）轴承间隙/温度：轴承座的基础振动会引起转轴的振动。然而，基础振动在容许的范围内。

（6）轴向膨胀：轴向膨胀被测量，但未显示出异常情况。

（7）机匣热膨胀：高压透平支座-机匣的不均匀热膨胀可能会导致机匣变形，引起密封摩擦而触发转子振动。但支座与机匣温度在正常范围内。

（8）内部蒸汽泄漏：基于中压汽缸支座及其机匣的数据回顾、兆瓦级负荷和转轴振动（图8.19），内部蒸汽泄漏被认为是一种可能的情况，其中观察到不均匀的汽缸加热，这可能导致瞬时的缸体扭曲，进而发生密封摩擦和转子的瞬时高振动。

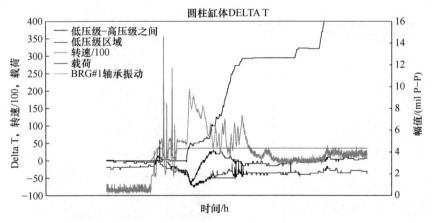

图8.19 （见彩图）启动阶段的振动、载荷和中压汽缸温度数据

8.6.2 解决方案

中压透平进口内部蒸汽泄漏已被证实为转轴振动增强的根本原因，采取措施减少内部蒸汽泄漏，有助于减小转轴振动。

8.7 实验案例5的问题描述

对转子轴系因惯性改变所致的扭转频率变化描述如下:作为实例的转子轴系由一个高压、三个低压、电机和激励转子构成。该轴系经历了因转子惯性意外损失所致的扭转振动,该轴系运行15年未出现因扭转问题发生的事故,运行中,透平部件中惯性的突然损失会转换为接近运行谐振的扭转频率。

8.7.1 数据分析

低压透平转子最后一个轮盘的有限元详细分析有可能确定问题的根源,通过变换透平盘颈厚度方式进行了计算分析。计算表明,将扭转频率从运行区域平移出一个令人满意的幅度是可能的。因此,进行了如图8.20所示的转子盘重新设计,以研究结构对频率变化的影响。

采用较细的网格对低压转子最末级转子轮盘进行了有限元建模,盘颈区域逐渐减少,从而得到一个优化的盘构型,并发现转盘由原始构型的变化引起了频率的改变。转子轮盘最终被优化为如图8.20(b)所示的形状,使轴系的扭转频率远离运行转速一个合适的裕度,新盘的构型也将盘的剪切应力保持在所需的可接受范围之内。

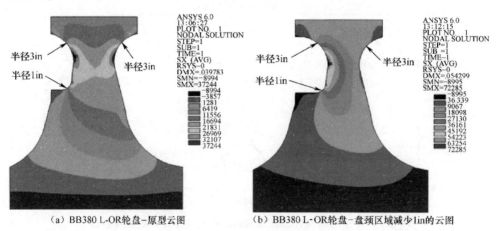

(a) BB380 L-OR轮盘-原型云图　　(b) BB380 L-OR轮盘-盘颈区域减少1in的云图

图8.20　(见彩图)转子轮盘的盘径优化前后应力分布对比

此外,在连接轴(或传动轴,JS)增加了如图8.21所示的惯性环,使其参与到所关注的模态之中,传动轴中引入惯性环有助于进一步降低轴系扭转模态的频率和剪切应力。

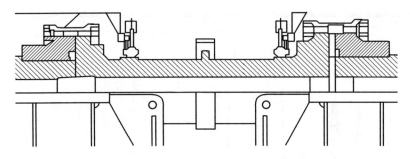

图 8.21 转轴上某一位置增加惯性有助于降低振动应力

8.7.2 解决方案

减小低压盘颈面积可使得扭转频率离开运行频率,此外,惯性环靠近传动轴,从而进一步降低频率和剪切应力。

8.8 实验案例 6 的问题描述

当高压透平在蒸汽部分进气模态下运行时,振动剧烈。该转子由一组四衬垫可倾瓦式轴承在转子两端支承,观察到 2 号轴承的振动为 1 倍频,而非 1/2 倍频(蒸汽透平的低频)。

8.8.1 数据分析

所测数据证实,如图 8.22 所示,次同步谐振(或 1/2 倍频)要比 1 倍频小大约 1/20。本案例中,部分负荷状态下 1 倍频占优,总体振动幅值为 0.010in(254μm)。

部分负荷运行过程中,1 号轴承振动水平大约为正负峰值之间 0.004in(101.6μm),如图 8.23 所示,而 2 号轴承的振动水平则高至正负峰值之间 0.012in(大约 305μm),如图 8.24 所示。

为降低 1 倍频振动采取了以下措施(或尝试)。
(1) 多转子平衡的尝试未能降低振动。
(2) 阀门更新排序抑制蒸汽诱导作用力失效。
(3) 调小轴承间隙并未改进振动水平。
(4) 增加 2 号轴承的负荷来改善阻尼的做法并未奏效。

针对上述措施下的轴心轨迹图进行了评估。此外,还对高振动情况出现之前、期间和之后的轴颈位置进行了评估。研究表明,现有四垫轴承并不能控制蒸汽的

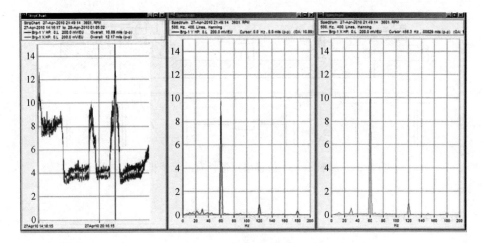

图 8.22 振动频谱图

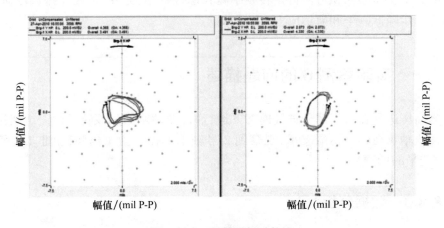

图 8.23 1号轴承振动轨迹

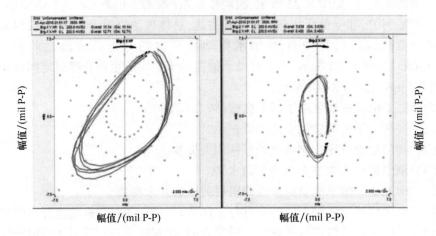

图 8.24 2号轴承振动轨迹

不平衡作用力。因此,进行了五垫和六垫轴承的模拟研究,以控制过多的蒸汽所产生的负荷。研究发现,6个可变长度和可预加载的衬垫有助于控制蒸汽涡动所产生的1倍频振动。

应用定制的六垫轴承结构可控制轴承的轴心轨迹,此时振动幅值低于0.003in(76.2μm),可允许连续运行,适当预加载的六垫轴承能够包容蒸汽不平衡作用力。

8.8.2 解决方案

可变衬垫长度和适当预加载荷的六垫轴承有助于降低振动。本案例中,1号和2号轴承采用了六衬垫可倾瓦式轴承。

8.9 实验案例7的问题描述

增强的振动和升高的轴承金属温度对于六垫轴承(图8.25)而言是非常重要的。详细内容如下。

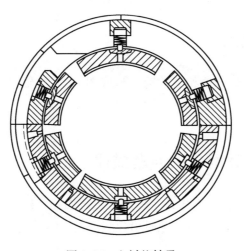

图8.25 六衬垫轴承

8.9.1 数据分析

最初是由四衬垫可倾瓦式轴承支承的老式汽轮机转子因可倾瓦支承载荷不足而出现频繁的振动问题,其中的一个轴承因存在蒸汽诱导不平衡作用力而产生过度的次同步谐振。这种轴承被替换为六垫轴承,六垫轴承有3个衬垫在顶部,有3

个衬垫在底部,如图 8.25 所示。即使安装了六垫轴承,机组也会经历高振动,甚至有时振动幅值会超过报警极限值,仔细检查衬垫可发现,衬垫的方位及其预加载值不足以支承运行条件下未受控的轴颈运动。

轴心轨迹图表明,轴颈在中等蒸汽载荷作用下朝向底部衬垫(位于 6:00 方位的预加载衬垫)摆动。经验表明,衬垫预加载状态最终会降低阻尼而变得不稳定,这有时也称为轻载轴承状态。

降低振动的第一次尝试中,轴承被抬高以增加轴承载荷。这个措施增加了油膜阻尼,并降低了转轴振动。然而,轴承金属温度开始增加直至全负载时的 230 ℉ (110 ℃)。增加轴承载荷有助于解决振动问题,但这也产生了另一个问题,即重载轴承状态。

第二次尝试中,轴承载荷向横向轻微降低,且轴承衬垫组件由初始位置顺时针旋转了 20°。轴承衬垫组件的旋转带入了两个衬垫之间的轴颈(衬垫之间的载荷),使之更接近最小油膜位置。置于轴承衬垫之间的轴颈增加了油膜的刚度,并可保持转子充分加载。轴承的运动组合有助于将轴承金属温度降至 200 ℉ (93 ℃),也减少了全负荷条件下的振动。应用测得的轴心轨迹图和所安装的振动传感器角度位置对衬垫的方位及其预加载荷进行了优化以确定轴颈位置。

8.9.2 解决方案

利用与振动传感器方位相关的轴心轨迹图,对六垫轴承中的轴颈位置进行了优化,这种方法有助于同时降低振动和轴承金属温度。

8.10 实验案例 8 的问题描述

存在刷式密封的高压-中压转子经历了蒸汽涡动。转子动力学研究证实了存在特定刷式密封(图 8.26(a))间隙时出现蒸汽涡动的可能性。高压透平叶片通道中的刷式密封如图 8.26 所示。

8.10.1 数据分析

刷式密封的主要功能是通过降低经过密封时的蒸汽泄漏来改善高压透平的热力性能,刷式密封就是向转子表面与相邻静止密封段之间提供理想的零间隙。

最初的运行过程中,机组经历了一次蒸汽涡动事故。为了能够了解刷式密封特性,对其进行了转子动力学研究。

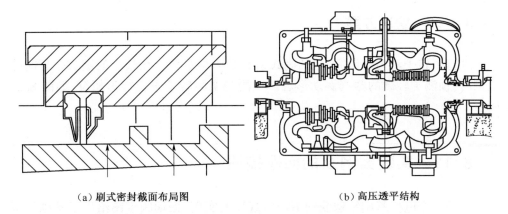

(a) 刷式密封截面布局图　　　　　　　(b) 高压透平结构

图 8.26　安装于高压透平叶片通道旋转叶冠上的刷式密封

如图 8.26 所示，建立了包括轴承油膜、支座刚度和刷式密封结构动力学系数在内的转子动力学模型。对所有旋转叶片的叶冠进行了密封动态系数的计算，并进行了转子动力学研究，所关注模态的对数衰减值随刷式密封间隙的变化如图 8.27 所示。

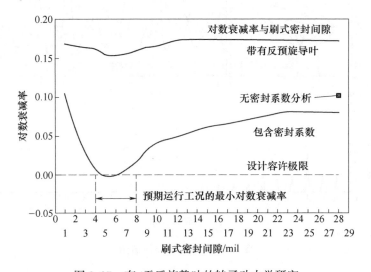

图 8.27　有/无反旋静叶的转子动力学研究

分析表明，当密封间隙在 0.004in(大约 100μm)和 0.008in(大约 200μm)之间时，转子变得不稳定。当密封动态系数并未在模型之内时，即位于如图 8.27 所示的绿色值点处，源于蒸汽涡动的转子不稳定性不可预测。此外，当反旋静叶的密封动态系数被引入进口至控制级、喷嘴室和叶片通道之间的转子动力学模型时，可实现如图 8.27 所示的阻尼显著改善。

8.10.2 解决方案

进行了转子动力学研究,包括刷式密封动力学系数。在较小的刷式密封间隙范围内,预测了轻微的蒸汽涡动形态。预测与实际转子失稳行为相符,如图 8.27 所示。

8.11 实验案例 9 的问题描述

这是一个电机基础结构受到不均匀载荷的实例,振动频谱图给出了基础结构不均匀载荷的状态,频谱图如图 8.28 所示,其中的 1 倍频、2 倍频和谐波响应提供了基础振动的线索。此外,轴心轨迹图呈现出异常和不规则,右边 X 与 Y 的响应分量对于转轴振动也是罕见的,这些现象均提供了基础振动可能振动的症状。

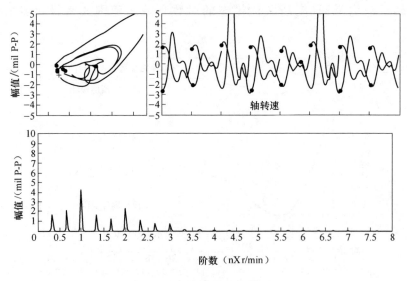

图 8.28 电机基础频谱图

8.11.1 数据分析

电机转轴相对振动频谱很少出现诸如图 8.28 所示的异常趋势,该图谱显示了电机转子特性的几个非典型振动分量。这些症状同与转子/油膜轴承相关的性能不相匹配。对电机基础振动数据的密切监控表明,谐振频率段的多频谱振幅呈现在电机基础之上,这样的症状与不充分的基础载荷有关。此外,图 8.29 所示的瀑布图进一步证实了所观测到的振动数据。

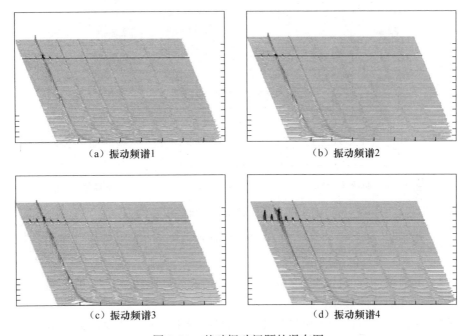

图 8.29 基础振动问题的瀑布图

8.11.2 解决方案

振动频谱、转轴相对振动、基础振动以及振动瀑布图可用来确认和证实电机基础结构的不均匀载荷。

8.12 实验实例 10 的问题描述

几个低压转子压紧盘和两个压紧的低压连接法兰在厂家作为维修的一部分被拆卸分解。当修复后的低压转子与电机组进行现场组装时,发现低压联轴器外缘直径(图 8.30)有过大的跳动(扭折),最大跳动量为 11mil(总示值)。

8.12.1 历史数据回顾

发货到现场前在工厂记录的数据如下。

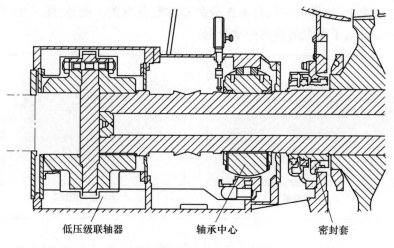

图 8.30 低压转子与电机联轴器

（1）装运状态下穿过密封套的转子中心有一个总体显示读数的平均值 0.00275in，被认为是低跳动值。

（2）由轴颈、振动计测量面、联轴器止口组成的低压转子悬挂部分以及联轴器外缘真实轨迹的总体显示读数小于 0.001in。

（3）联轴器止口进行了机械加工以适配用于工厂转子平衡的连接短轴，短轴对由第三个轴承支承的悬壁长轴是必要的。

（4）转子是高速平衡的，没有观测到任何由悬壁轴引发的振动问题。

8.12.2 联轴器端跳动过大的现场测量

（1）当转子经现场装配时，低压联轴器一端测得过度的温度导致碰磨（TIR）记录（大约 0.011in），如表 8.3 所列。

表 8.3 低压联轴器轴悬臂部分的温度导致碰磨（TIR）

位 置	离轴颈中心线的距离	总体显示读数
轴颈中心线	0.00	0.000
内侧不均匀膨胀	16.188	0.003
外侧不均匀膨胀	24.813	0.005
内侧 Gnn 联轴器	37.469	0.006
中等 Gnn 联轴器外径	49.188	0.011
低压联轴器真实轨迹	50.750	0.002

（2）止口直径与联轴器真实轨迹（联轴器边缘上的一个狭窄加工区，用作轴上所有总体显示读数测量的参考点）与轴颈中心相一致。

（3）来自联轴器外环的悬壁轴高温致碰磨问题。沿悬臂截面不断减弱，直至轴颈中心处以0in消失。

（4）低压联轴器法兰的局部扭结，引起低压转子与相邻电机转子之间连接螺栓孔的不匹配，进而延迟联轴器的现场装配。

8.12.3 关注点

（1）主要问题是在联轴器现场装配时出现的螺栓孔不同心。

（2）其次关注的是低压联轴器外环处出现的严重温致碰磨（TIR），如果允许转子系统在高温致碰磨工况下工作，联轴器的振动就会增大。

（3）尽力来消除联轴器在一个位置的跳动。为此，回顾了其他解决方案。

8.12.4 解决措施

（1）由于联轴器两侧的整个轴线是同心的，且温致碰磨问题较弱，轴线不存在因偏心度大而触发不平衡振动。

（2）在联轴器连接半法兰上进行扩孔，以保持联轴器连接法兰与低压轴线的同轴度。此外，低压止口应保持与主轴线同心加工。

上述措施可保证轴线是同心的。虽然联轴器边缘上某点的温致碰磨问题较严重，但大部分轴线具有较低的温致碰磨现象。因此，该联轴器组件不会在轴承上引起振动。早前在工厂顺畅地进行了这个工况下的转子平衡。然而，该位置应警示，以便在高振动情况下做好额外平衡试重的准备。

8.12.5 结论

如预期的那样，联轴器轮缘处局部区域较大的温致碰磨问题并未对轴承位置的振动产生不利的影响，机组可在允许的振动水平下运行。

8.13 实验案例11的问题描述

如图8.31所示，低压转子密封套与盘座直径之间的倒圆区域出现了较大的线性表面裂纹。研究目的是确定转轴产生裂纹可能性最大的原因，以采取措施减少再次发生裂纹的可能性(图 8.32)。

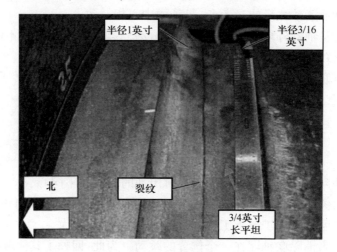

图 8.31 轴裂纹

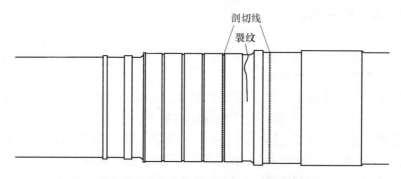

图 8.32 轴上红线标注的区域是裂纹区

8.13.1 数据分析

产生裂纹根本原因的分析范围如下。

(1) 建立转子模型并应用运行数据研究转子裂纹的原因。

(2) 评估正常运行、轴承高度不一致、横向振动、扭转振动以及其他运行回顾中所定义运行状态下的应力。

(3) 模拟裂纹的产生/扩展机制,并使用断裂力学方法来匹配在轴断裂表面观察到的最适合的情况。

基于运行回顾得出结论:只要蒸汽温度低于 250°F(121°C),所供给的蒸汽不再处于过热状态。密封套内冷热蒸汽交替时间大约为 2h,并在转轴上产生热应力。在应力与断裂力学评估中分析了这些热循环对于转轴断裂可能产生的影响。

8.13.2 热应力分析

密封套系统的性能对转轴产生裂纹的可能原因如下。

(1) 低压透平进口蒸汽温度为 215°F (102℃),经输出节流降至低压排气压力。当蒸汽离开密封套时,因温度较低而成为蒸汽。这种情况发生时,蒸汽中的污染物会沉积于转轴表面,就使密封套内转轴表面出现腐蚀点。金相研究证实这些腐蚀点中有氯离子沉积的证据,腐蚀点是转轴裂纹生成的起始点。

(2) 随密封套蒸汽温度变化相关的日常热瞬变可视为机组的载荷变化,会引起转轴表面热应力的变化,这些热循环可能会促使裂纹增长。下节将讨论对源于热瞬变所引起的热应力的评估。

最大应力是从密封套附近的圆角区域计算出来的,如图 8.33 所示。预测应力较高的转轴位置与裂纹起始的转轴位置有显著的关联性,具体如图 8.31 所示。

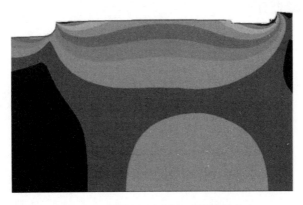

图 8.33 (见彩图)密封套区域的热应力

8.13.3 金相分析结果

转轴裂纹的金相评估与转轴表面和断裂区域的侵蚀点有关,深度 0.022in (0.56mm)的侵蚀点看起来就像底部的裂纹。对于深度 0.022in(0.56mm)的侵蚀点而言,可计算出裂纹扩展所需高周疲劳交变应力为 10ksi;(69MPa)。如果侵蚀点深 0.100in(2.5mm),裂纹扩展所需的交变应力减半。

当采用轴承实际对中数据时,估计密封套区域转轴名义弯曲应力大约为 5ksi (35MPa),对应 0.1in 的裂纹深度。将 0.1in 深度的初始裂纹用于断裂力学评估时,可估算出只需正常的转轴弯曲就能引起裂纹在高周疲劳循环中扩展。

8.13.4 结论

转轴断裂最有可能的原因有以下几个。

(1) 低压密封盖的性能差。

(2) 预热不足和蒸汽供给状态的变化引起裂纹生成的转轴侵蚀点和显著的热瞬态应力。

(3) 裂纹扩展主要是通过转轴正常旋转所产生的高周疲劳交变弯曲应力来实现的。

8.14 小结

本章讨论了 11 个与关键的叶轮机械问题相关的案例研究,并提供了有助于解决问题的症状和诊断分析。

附录A
结构与人体之间的性能相似之处

免责声明：所进行的讨论仅代表作者个人观点。开始一个计划之前，任何练习或锻炼习惯必须与初级保健医生讨论。

作者在机械结构（简单的例子是悬臂梁）与人体之间的行为相似性方面进行了有限的研究。悬臂梁的已知基本模态提供了所激发的模态中最具能量和最具弹性的状态。类似于悬臂梁，人体也可通过弯曲获得最大的能量和弹性。结合图A.1，对一些人体拉伸与训练活动进行了讨论。

人体负责健康生活的三个主要工作系统：(a) 消化系统；(b) 呼吸系统；(c) 免疫系统。

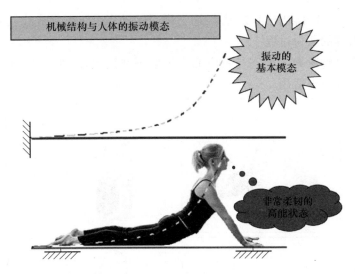

图A.1 悬臂梁的基本形态与以相似姿态弯曲的人体

人体按悬臂梁基本形态进行的弯曲如图A.1所示，通常增强了所述的人体3个系统，其优势列举如下。

因高能状态和弹性，该姿态有助于舒展下列身体部分/器官。

（1）腹部参与消化的器官有：小肠和大肠；胰腺；肝脏；肾脏；脾脏以及胆囊。

人体在锻炼过程中,器官得到了舒展。

(2) 脚趾、腿和背部骨骼系统。

(3) 手臂肌肉。

(4) 上半身弯曲有助于胸部扩张。

(5) 这种姿势支承大约 1/3 的身体重量,是举重中首选的最佳措施。

(6) 这些日常锻炼可增加免疫系统。

(7) 较长时间屏住呼吸并释放的做法可调节呼吸系统和血压。

(8) 消化系统得到加强和调节,因为大多数负责消化的器官(如肝脏、胰腺、肠道和肾脏等)均参与到了这个姿势中[1-3]。

(9) 当以这个姿势屏住呼吸(约 30s 及以上)并在完成每个动作后释放呼吸时,呼吸系统得到调节。

(10) 当全身肌肉群、骨骼和其他器官得到锻炼时,免疫系统得到改善[4-5]。

(11) 这个姿势中头部向后弯曲,使扁桃体区域的肌肉舒展,改善了扁桃体状况。

(12) 当屏住呼吸和释放呼吸时,腹部肌肉得到舒展。

(13) 这些运动可激活足够多的肌肉纤维,从而直接影响线粒体或逆转基因衰老。

(14) 如图 A.1 和图 A.2 所示,通过同时运动多个肌群完成线粒体的激活,使之影响肌肉群的获得过程[6-8]。

再次将悬臂梁第二形态与对应的人体姿态并列比较,如图 8.35 所示,上述讨论的益处在这里也适用。

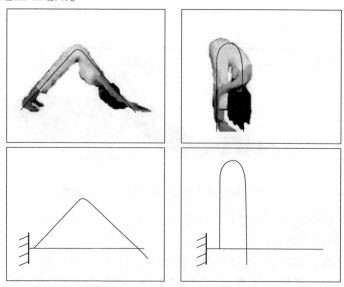

图 A.2　悬臂梁与人体在第二个姿态上的相似度

参考文献

[1] Brown R P, Gerbarg P L. (2005) Sudarshan Kriya, "Yogic breathing in the treatment of stress, anxiety, and depression", part I-neurophysiologic model. J Altern Complement Med 11(1), 189-201.

[2] Brown R P, Gerbarg P L. (2005) Sudarshan Kriya, "Yogic breathing in the treatment of stress, anxiety, and depression", part II: clinical applications and guidelines. J Altern Complement Med 11(4):711-717.

[3] Harinath K, Malhotra K S, Pal K, et al. (2004) Effects of Hatha yoga and Omkar meditation on cardiorespiratory performance, psychologic profile, and melatonin secretion. J Altern Complement Med 10(2):261-268.

[4] Arora S, Bhatacharjee J. (2008) Modulation of immune responses in stress by yoga. Int J Yoga 1(2):45-55.

[5] Kolasinski S L, Garfinkel M, Tsai A G, et al. (2005) Iyengar yoga for treating symptoms of osteoarthritis of the knees: a pilot study. J Altern Complement Med 11(4):689-693.

[6] Carlson L E, Speca M, Patel K D, Goodey E. (2004) Mindfulness-based stress reduction in relation to quality of life, mood, symptoms of stress and levels of cortisol, dehydroepiandrosterone sulfate (DHEAS) and melatonin in breast and prostate cancer outpatients. Psychoneuroendocrinology 29(4):448-474.

[7] Waelde L C, Thompson L, Gallagher-Thompson D. (2004) A pilot study of a yoga and meditation intervention for dementia caregiver stress. J Clin Psychol 60(6):677-687.

[8] West J, Otte C, Geher K, Johnson J, Mohr D C. (2004) Effects of Hatha yoga and African dance on perceived stress, affect, and salivary cortisol. Ann Behav Med 28(2):114-118.

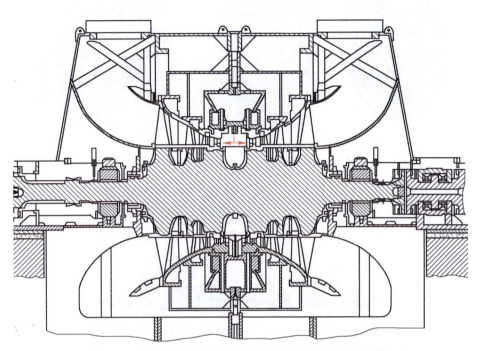

图 1.1 低压蒸汽透平内的反向流动（由西门子公司提供）

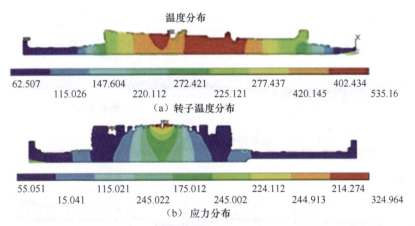

（a）转子温度分布

（b）应力分布

图 2.21 在力和热负荷联合作用下的转子温度分布和应力分布（由西门子公司提供）

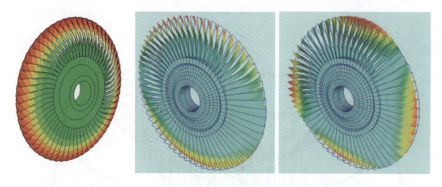

图 2.27 叶片伞形模态(由西门子公司提供)

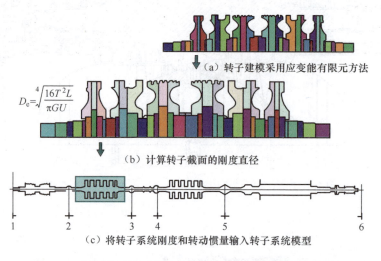

图 2.32 低压透平转子的扭转刚度直径(由西门子公司提供)

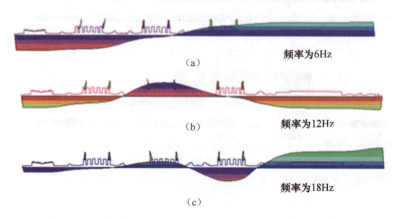

图 2.34 低频模态下的转子系统频率(由西门子公司提供)

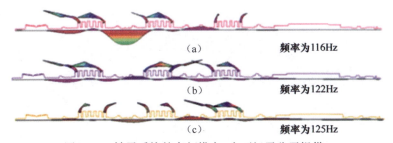

图 2.35 转子系统的高频模态(由西门子公司提供)

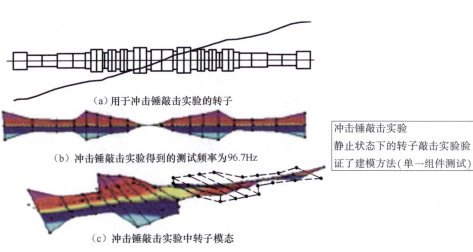

(a) 用于冲击锤敲击实验的转子

(b) 冲击锤敲击实验得到的测试频率为96.7Hz

(c) 冲击锤敲击实验中转子模态

图 2.49 低压转子扭转模态和相应的频率

冲击锤敲击实验
静止状态下的转子敲击实验验证了建模方法(单一组件测试)

彩 003

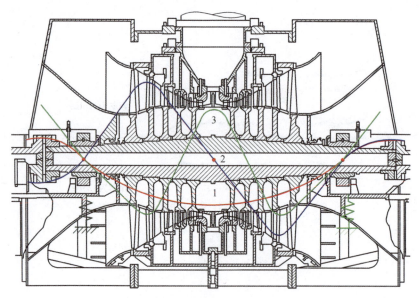

图 3.1 转子的主要模态

1—第一转子模态(U);2—第二转子模态(S);3—第三转子模态(W)。

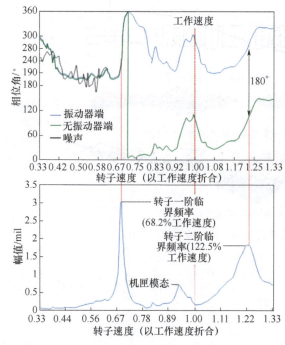

图 3.16 转子响应振幅和相位角

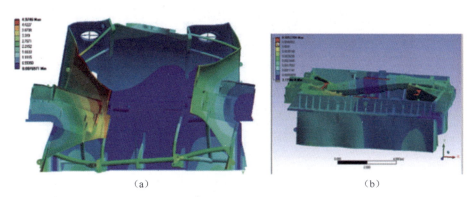

图 3.24 S 形转子模态振型有限元仿真(由西门子提供)

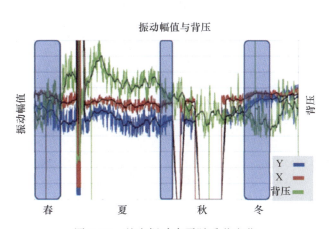

图 3.25 基座振动水平随季节变化

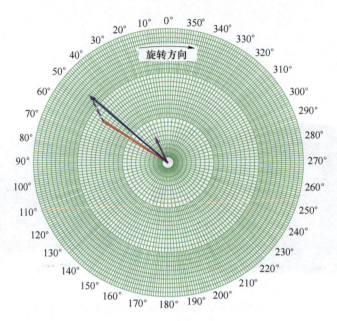

图 5.7 应用极坐标进行绝对振动值计算(比例=2 mil P-P/主要部分)

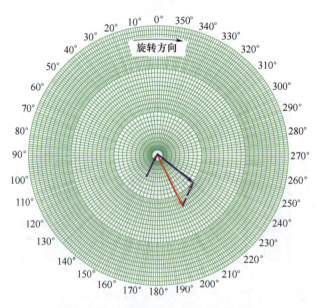

图 5.10 使用极坐标图的慢滚补偿(比例 = 1 mil P-P/主要部分)

彩 006

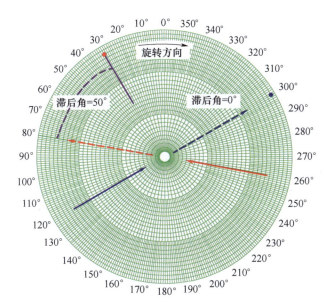

图 5.13 配重滞后角的效果矢量

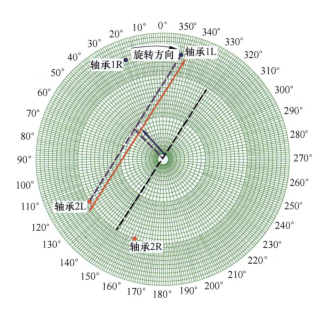

图 5.20 静态和动态组合的组件(2 mil P-P/主要部分)

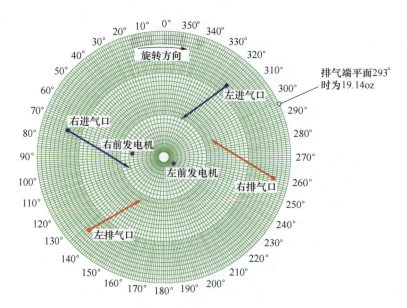

图 5.26　第二临界转速为 2630r/min 的配重的效果向量（2mil P-P/主要部分）

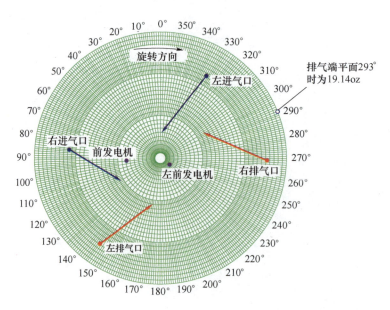

图 5.27　第二临界转速为 2664r/min 的（2mil P-P/主要部分）

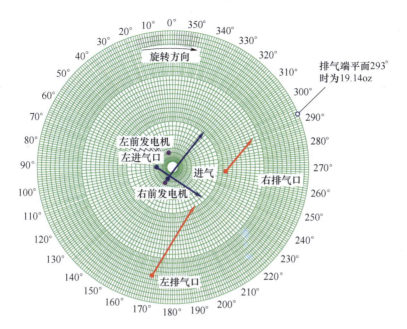

图 5.28 试重在线基本负载 8 小时和 3600r/min 的配重 1 效果向量（2mil P-P/主要部分）

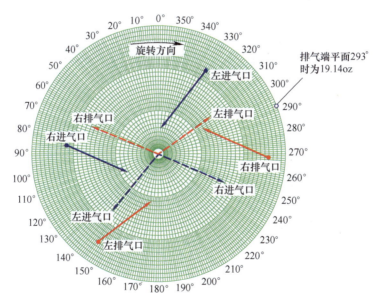

图 5.29 转置到原点第二临界转速 2664r/min 时的配重 1 的效果向量（2mil P-P/主要部分）

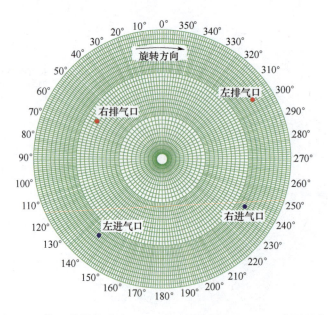

图 5.30　第二临界转速为 2650r/min 时跳闸(4mil P-P/主要部分)

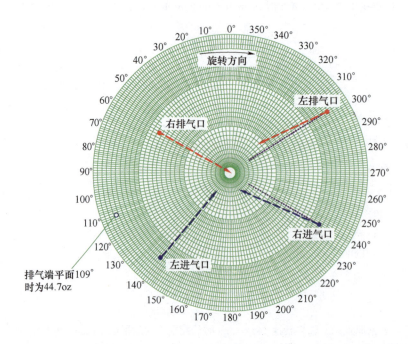

图 5.31　在排气端平面 109° 处以第二临界转速 2650r/min 44.695 oz 的预测
(4mil P-P/主要部分)

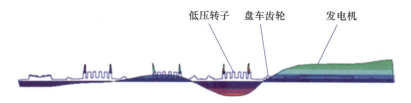

图 7.20 振型与典型传感器位置

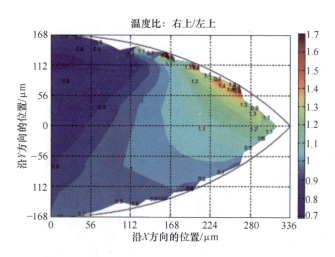

图 8.3 轴承结构的热分析

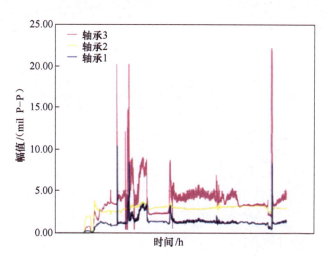

图 8.12 1、2、3 号轴承的转轴相对动态振动

彩 011

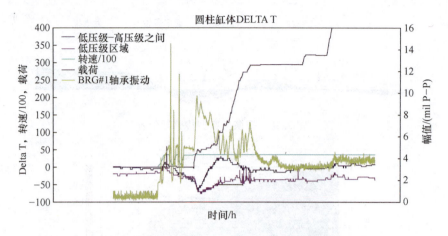

图 8.19 启动阶段的振动、载荷和中压汽缸温度数据

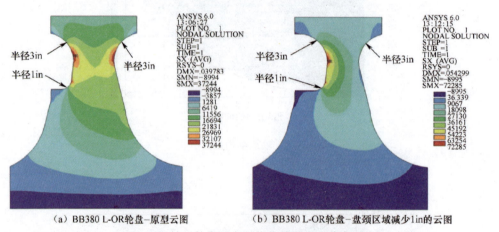

(a) BB380 L-OR轮盘-原型云图   (b) BB380 L-OR轮盘-盘颈区域减少1in的云图

图 8.20 转子轮盘的盘径优化前后应力分布对比

图 8.33 密封套区域的热应力